注塑成型

疑难问题及解答

刘朝福　编著

化学工业出版社
·北京·

图书在版编目（CIP）数据

注塑成型疑难问题及解答/刘朝福编著. —北京：化
学工业出版社，2017.3（2025.5重印）
ISBN 978-7-122-29014-4

Ⅰ.①注…　Ⅱ.①刘…　Ⅲ.①注塑-塑料成型-问题
解答　Ⅳ.①TQ320.66-44

中国版本图书馆 CIP 数据核字（2017）第 024126 号

责任编辑：贾　娜　　　　　　　　　文字编辑：陈　喆
责任校对：宋　玮　　　　　　　　　装帧设计：刘丽华

出版发行：化学工业出版社（北京市东城区青年湖南街 13 号　邮政编码 100011）
印　　装：中煤（北京）印务有限公司
787mm×1092mm　1/16　印张 10¾　字数 252 千字　2025 年 5 月北京第 1 版第 21 次印刷

购书咨询：010-64518888　　　　　　　售后服务：010-64518899
网　　址：http://www.cip.com.cn
凡购买本书，如有缺损质量问题，本社销售中心负责调换。

定　　价：58.00 元

前言

塑料作为重要的工程材料，在现代工业生产和生活中发挥着重要的作用。塑料制品具有轻质、美观、绝缘、耐腐蚀、低成本等特性，因此，塑料及其制品的发展极大地提高了人们的工作效率和生活水平。

在塑料的各种成型工艺中，注塑成型是应用最为广泛的一种。实践表明，注塑成型具有材料适用性强、可以一次性成型出结构复杂的制品、工艺条件成熟、制品精度高、生产成本低等优点，因此，注塑成型的制品在塑料制品中所占的比重不断增加，相关的工艺、设备、模具等也得到了快速的发展。

注塑成型过程中，最为头疼的问题之一是出现缺陷产品。缺陷产品的出现不仅影响产品质量和生产效率，而且严重影响作业人员的士气，并极易引发生产、质量控制、模具、维修等部门相互之间的矛盾。因此，如何快速判断注塑成型中出现的各种问题并有效解决这些问题，是从事注塑生产相关工作的工程技术人员需要掌握的技能。

本书根据注塑成型领域从业人员的需求，重点讲解了几个方面的内容：一是塑料的成型机理、常用塑料的特性和注塑性能；二是注塑工艺条件的选择与设置；三是注塑成型中可能出现的各种问题、缺陷及相应的解决方法。本书从生产需求出发，突出实际应用，着眼于提高注塑成型的质量和效益，具有很强的实用性；全书的文字通俗易懂、图表丰富翔实，内容既包含必要的理论，又深入浅出，其中提出的诸多解决问题的方法大都经过了实践检验，具有非常高的实用价值。

本书由桂林电子科技大学信息科技学院的刘朝福编著，在编写过程中，得到了柳州裕信方盛汽车饰件有限公司、广州金发科技有限公司、南京华格塑胶模具有限公司等单位的大力支持，其中徐叔丰、黄美发、杨连发、刘跃峰、何玉林、冯翠云、韦雪岩、史双喜、张燕、程馨、陈婕、秦国华、柏子刚等人也提供了资料或参与了讨论，在此一并表示感谢。

由于水平有限，加上时间紧迫，书中不足之处在所难免，敬请广大读者提出宝贵意见，来信请发电子邮件到 690529692@qq.com。

编著者

第1章 塑料原料及其选用

1.1 塑料类型及性能

1.2 塑料原料的选用

1.3 塑料制品的成型工艺性要求

第2章 注塑成型的工艺条件

2.1 注塑成型的原理与工艺流程

2.2 注塑成型的工艺条件

2.3　注塑成型的准备工作

2.4　多级注射成型工艺

2.5　塑件的后期处理

第3章　注塑产品常见缺陷及解决方法

3.1　注塑产品常见缺陷及解决方法

3.2 产品缺陷的分析与处理

第 4 章　注塑过程常见问题及解决方法

4.1 注塑过程常见问题及解决方法

4.2 注塑过程的管理

第 5 章　注塑成型实操经验总结

5.1 关于提高注塑产品的质量的几点经验

5.2 注塑工艺调整方法与技巧总结

参 考 文 献

塑料原料及其选用

1.1 塑料类型及性能

1.1.1 塑料的类别

为了方便对塑料进行研究和使用，需要从不同的角度对塑料进行分类。常见的分类方法有以下两种：一是根据塑料受热后的性能特点，可将塑料分为热塑性塑料和热固性塑料两大类。

(1) **热塑性塑料**

热塑性塑料中高聚物的分子结构呈线型或支链状结构，常称为线性聚合物。它在加热时可塑制成一定形状的塑件，冷却后保持已定形的形状。如再次加热，又可软化熔融，可再次制成一定形状的塑件，可反复多次进行，具有可逆性。在上述成型过程中一般无化学变化，只有物理变化。

由于热塑性塑料是能反复加热软化和冷却硬化的材料，因此热塑性塑料可经加热熔融而反复固化成型，所以热塑性塑料的废料通常可回收再利用，即有所谓的"二次料"之称。

(2) **热固性塑料**

热固性塑料在受热之初也具有链状或树枝状结构，同样具有可塑性和可熔性，可塑制成一定形状的塑件。当继续加热时，这些链状或树枝状分子主链间形成化学键结合，逐渐变成网状结构（称之为交联反应）。当温度升高到达一定值后，交联反应进一步进行，分子最终变为体型结构，成为既不熔化又不熔解的物质（称为固化）。当再次加热时，由于分子的链与链之间产生了化学反应，塑件形状固定下来不再变化。塑料不再具有可塑性，直到在很高的温度下被烧焦炭化，其具有不可逆性。在成型过程中，既有物理变化又有化学变化。由于热固性塑料具有上述特性，故加工中的边角料和废品不可回收再生利用。

显然，热固性塑料的耐热性能比热塑性塑料好。常用的酚醛、三聚氰胺-甲醛、不饱和聚酯等均属于热固性塑料。

由于固化定形后的热固性塑料即使继续加热也无法改变其状态，也就无法再次变成熔融状态。因此，热固性塑料无法经过再加热来反复成型，所以热固性塑料的废料通常是不可回收再利用的。

二是根据塑料的具体使用场合及特点，一般可以将塑料分为通用塑料、工程塑料和特种塑料三类。

(1) 通用塑料

通用塑料一般指产量大、用途广、性能相对比较低、价格低廉的一类塑料，如：聚乙烯、聚丙烯、聚氯乙烯、聚苯乙烯、酚醛塑料、氨基塑料等，它们约占塑料总产量的60％。

(2) 工程塑料

工程塑料是指可以作为结构材料的塑料，它与通用塑料并没有明显的界限，工程塑料的强度、耐冲击性、耐热性、硬度及抗老化性等性能都比较良好，可替代部分金属材料来用作工程材料，如尼龙、聚碳酸酯、聚甲醛、ABS等。

(3) 特种塑料

指那些具有特殊功能、适合某种特殊场合用途的塑料，主要有医用塑料、光敏塑料、导磁塑料、超导电塑料、耐辐射塑料、耐高温塑料等。其主要成分是树脂，有的是专门合成的树脂，也有一些是采用上述通用塑料和工程塑料用树脂经特殊处理或改性后获得特殊性能的。这类塑料产量小，性能优异，价格昂贵。

1.1.2 热塑性塑料的成型特性

塑料与成型工艺、成型质量有关的各种性能，统称为塑料的工艺性能。对塑料的工艺性能的了解和掌握的程度，直接关系到塑料能否顺利成型和保证塑件质量，同时也影响着模具的设计要求，下面分别介绍热塑性塑料和热固性塑料成型的主要工艺性能和要求。

热塑性塑料的成型工艺性能除了热力学性能、结晶性、取向性外，还有收缩性、流动性、热敏性、水敏性、吸湿性、相容性等。

(1) 收缩性

塑料通常是在高温熔融状态下充满模具型腔而成型的。当塑件从塑模中取出冷却到室温后，其尺寸会比原来在塑模中的尺寸减小，这种特性称为收缩性。它可用单位长度塑件收缩量的百分数来表示，即收缩率（S）。

由于这种收缩不仅是塑件本身的热胀冷缩造成的，而且还与各种成型工艺条件及模具因素有关，因此成型后塑件的收缩称为成型收缩。可以通过调整工艺参数或修改模具结构，以缩小或改变塑件尺寸的变化情况。

成型收缩分为尺寸收缩和后收缩两种形式，都具有方向性。

① 塑件的尺寸收缩。由于塑件的热胀冷缩以及塑件内部的物理化学变化等原因，导致塑件脱模冷却到室温后发生的尺寸缩小现象，为此在设计模具的成型零部件时必须考虑通过设计对它进行补偿，避免塑件尺寸出现超差。

② 塑件的后收缩。塑件成型时，因其内部物理、化学及力学变化等因素产生一系列应力，塑件成型固化后存在残余应力，塑件脱模后，因各种残余应力的作用将会使塑件尺寸产生再次缩小的现象。通常，一般塑件脱模后10h内的后收缩较大，24h后基本定型，但要达到最终定型，则需要很长时间，一般热塑性塑料的后收缩大于热固性塑料。注塑和压注成型的塑件后收缩大于压缩成型塑件。

为稳定塑件成型后的尺寸，有时根据塑料的性能及工艺要求，塑件在成型后需进行热处理，热处理后也会导致塑件的尺寸发生收缩，称为后处理收缩。在对高精度塑件的模具设计时应补偿后收缩和后处理收缩产生的误差。

③ 塑件收缩的方向性。塑料在成型过程中，高分子沿流动方向的取向效应会导致塑件的各向异性，塑件的收缩必然会因方向的不同而不同：通常沿料流的方向收缩大、强度高，而与料流垂直的方向收缩小、强度低。同时，由于塑件各个部位添加剂分布不均匀、密度不均匀，故收缩也不均匀，从而使塑件收缩产生收缩差，容易造成塑件产生翘曲、变形甚至开裂。

🔍 **知识拓展** ···

塑件成型收缩率分为实际收缩率与计算收缩率，实际收缩率表示模具或塑件在成型温度下的尺寸与塑件在常温下的尺寸之间的差别，计算收缩率则表示在常温下模具的尺寸与塑件的尺寸之间的差别。计算公式如下：

$$S' = \frac{L_c - L_s}{L_s} \times 100\% \tag{1-1}$$

$$S = \frac{L_m - L_s}{L_s} \times 100\% \tag{1-2}$$

式中 S'——实际收缩率；

S——计算收缩率；

L_c——塑件或模具在成型温度时的尺寸；

L_s——塑件在常温时的尺寸；

L_m——模具在常温时的尺寸。

因实际收缩率与计算收缩率数值相差很小，所以在普通模具、小模具设计时常采用计算收缩率来计算型腔及型芯等的尺寸，而在大型、精密模具设计时一般采用实际收缩率来计算型腔及型芯等的尺寸。

···

👍 **经验总结**

在实际成型时，不仅不同塑料品种的收缩率不同，而且同一品种塑料的不同批号或同一塑件的不同部位的收缩值也常常不同。影响收缩率变化的主要因素有以下四个方面。

① 塑料的品种　各种塑料都有其各自的收缩率范围，但即使是同一种塑料由于相对分子质量、填料及配比等不同，则其收缩率及各向异性也各不相同。

② 塑件结构　塑件的形状、尺寸、壁厚、嵌件数量及布局等，对收缩率值有很大影响。一般塑件壁厚越大收缩率越大，形状复杂的塑件小于形状简单的塑件的收缩率，有嵌件的塑件因嵌件阻碍和激冷收缩率减小。

③ 模具结构　塑模的分型面、加压方向及浇注系统的结构形式、布局及尺寸等直接影响料流方向、密度分布、保压补缩作用及成型时间，对收缩率及方向性影响很大，尤其是挤出和注塑成型更为突出。

④ 成型工艺条件　模具的温度、注射压力、保压时间等成型条件对塑件收缩均有较大影响。模具温度高，熔料冷却慢、密度大、收缩大。尤其对于结晶型塑料，因其体积变化大，其收缩更大。模具温度分布均匀程度也直接影响塑件各部分收缩量的大小和方向性。注射压力高，熔料黏度差小，脱模后弹性恢复大，收缩减小。保压时间长则收缩小，但方向性明显。

由于收缩率不是一个固定值，而是在一定范围内波动，收缩率的变化将引起塑件尺寸变化，因此，在模具设计时应根据塑料的收缩范围、塑件壁厚、形状、进料口形式、尺寸、位置、成型因素等综合考虑确定塑件各部位的收缩率。注塑精度要求高的塑件时应选取收缩率波动范围小的塑料，并留有修模余地，试模后逐步修正模具，以达到塑件尺寸、精度的要求。

（2）流动性

在成型过程中，塑料熔体在一定的温度、压力下充填模具型腔的能力称为塑料的流动性。塑料流动性的好坏，在很大程度上直接影响成型工艺的参数，如成型温度、压力、周期、模具浇注系统的尺寸及其他结构参数。在决定塑件大小和壁厚时，也要考虑流动性的影响。

流动性的大小与塑料的分子结构有关，具有线型分子而没有或很少有交联结构的树脂流动性大。塑料中加入填料，会降低树脂的流动性；而加入增塑剂或润滑剂，则可增加塑料的流动性。塑件合理的结构设计也可以改善流动性，例如在流道和塑件的拐角处采用圆角结构时会改善熔体的流动性。

塑料的流动件对塑件质量、模具设计以及成型工艺影响很大，流动性差的塑料，不容易充满型腔，易产生缺料或熔接痕等缺陷，因此需要较大的成型压力才能成型。相反，流动性好的塑料，可以用较小的成型压力充满型腔。但流动性太好，会在成型时产生严重的溢料飞边。因此，在塑件成型过程中，选用塑件材料时，应根据塑件的结构、尺寸及成型方法选择适当流动性的塑料。以获得满意的塑件。此外，模具设计时应根据塑料流动性来考虑分型面和浇注系统及进料方向；选择成型温度时也应考虑塑料的流动性。

经验总结

按照注塑成型机模具设计要求，热塑性塑料的流动性可分为三类：

① 流动性好的塑料　如聚酰胺、聚乙烯、聚苯乙烯、聚丙烯、醋酸纤维素和聚甲基戊烯等。

② 流动性中等的塑料　如改性聚苯乙烯、ABS、AS、聚甲基丙烯酸甲酯、聚甲醛和氯化聚醚等。

③ 流动性差的塑料　如聚碳酸酯、硬聚氯乙烯、聚苯醚、聚砜、聚芳砜和氟塑料等。

塑料流动性的影响因素主要有：

① 温度　料温高，则塑料流动性增大，但料温对不同塑料的流动性影响各有差异，聚苯乙烯、聚丙烯、聚酰胺、聚甲基丙烯酸甲酯、ABS、AS、聚碳酸酯、醋酸纤维素等塑料流动性受温度变化的影响较大；而聚乙烯、聚甲醛的流动性受温度变化的影响较小。

② 压力　注射压力增大，则熔料受剪切作用大，流动性也增大，尤其是聚乙烯、聚甲醛对压力变化十分敏感。但过高的压力会使塑件产生应力，并且会降低熔体黏度，形成飞边。

③ 模具结构　浇注系统的形式、尺寸、布置、型腔表面粗糙度、浇道截面厚度、型腔形式、排气系统、冷却系统设计、熔料流动阻力等因素都直接影响熔料的流动性。

（3）热敏性

各种塑料的化学结构在热量作用下均有可能发生变化，某些热稳定性差的塑料，在料温高和受热时间长的情况下就会产生降解、分解、变色的现象，这种对热量的敏感程度称为塑料的热敏性。热敏性很强的塑料（即热稳定性很差的塑料）通常简称为热敏性塑料。如硬聚氯乙烯、聚三氟氯乙烯、聚甲醛、聚三氟氯乙烯等。这种塑料在成型过程中很容易在不太高的温度下发生热分解、热降解或在受热时间较长的情况下发生过热降解，从而影响塑件的性能和表面质量。

热敏性塑料熔体在发生热分解或热降解时，会产生各种分解物，有的分解物会对人体、模具和设备产生刺激、腐蚀或带有一定毒性；有的分解物还是加速该塑料分解的催化剂，如聚氯乙烯分解产生氯化氢，能起到进一步加剧高分子分解的作用。

为了避免热敏性塑料在加工成型过程中发生热分解现象，在模具设计、选择注塑机及成型时，可在塑料中加入热稳定剂；也可采用合适的设备（螺杆式注塑机），严格控制成型温度、模温、加热时间、螺杆转速及背压等；及时清除分解产物，设备和模具应采取防腐等措施。

（4）水敏性

塑料的水敏性是指它在高温、高压下对水降解的敏感性。如聚碳酸酯即是典型的水敏性塑料。即使含有少量水分，在高温、高压下也会发生分解。因此，水敏性塑料在成型前必须严格控制水分含量，进行干燥处理。

（5）吸湿性

吸湿性是指塑料对水分的亲疏程度。根据此特性塑料大致可分为两类：一类是具有吸水或黏附水分性能的塑料，如聚酰胺、聚碳酸酯、聚砜、ABS等；另一类是既不吸水也不易黏附水分的塑料. 如聚乙烯、聚丙烯、聚甲醛等。

凡是具有吸水性倾向的塑料，如果在成型前水分没有去除，含量超过一定限度，那么在成型加工时，水分将会变为气体并促使塑料发生分解，导致塑料起泡和流动性降低，使成型变得困难，而且使塑件的表面质量和力学性能降低。因此，为保证成型的顺利进行和塑件的质量，对吸水性和黏附水分倾向大的塑料，在成型前必须除去水分，进行干燥处理，必要时还应在注塑机的料斗内设置红外线加热装置。

（6）相容性

相容性是指两种或两种以上不同品种的塑料，在熔融状态下不产生相分离现象的能力。

如果两种塑料不相容，则在混熔时制件会出现分层、脱皮等表面缺陷。不同塑料的相容性与其分子结构有一定关系，分子结构相似者较易相容，例如高压聚乙烯、低压聚乙烯、聚丙烯彼此之间的混熔等；分子结构不相似者较难相容，例如聚乙烯和聚苯乙烯之间的混熔。塑料的相容性又俗称为共混性。通过塑料的这一性质，可以得到类似共聚物的综合性能，是改进塑料性能的重要途径之一。

1.1.3　塑料受热时的三种状态

塑料的物理、力学性能与温度密切相关，温度变化时，塑料的受力情况会发生变化，呈现出不同的物理状态，表现出分阶段的力学性能特点。塑料在受热时的物理状态和力学性能对塑料的成型加工有着非常重要的意义。

（1）热塑性塑料在受热时的三种状态

受到塑料的主要成分高聚合物的影响，热塑性塑料在受热时常存在的物理状态为：玻璃态（结晶聚合物亦称结晶态）、高弹态和黏流态。热塑性塑料在受热时的变形程度与温度关系的曲线，也称热力学曲线，如图1-1所示。

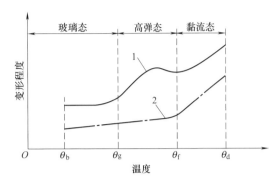

图1-1 热塑性塑料热力学曲线

1—线型无定形聚合物；2—线型结晶聚合物

① 玻璃态 塑料处于温度 θ_g 以下时，为坚硬的固体，是大多数塑件的使用状态。θ_g 称为玻璃化温度，是多数塑料使用温度的上限。θ_b 是聚合物的脆化温度，低于 θ_b 下的某一温度，塑料容易发生断裂破坏，这一温度称为脆化温度，是塑料使用的下限温度。

处于玻璃态的塑料一般不适合进行大变形的加工，但可以进行诸如车、铣、钻等切削加工。

② 高弹态 当塑料受热温度超过 θ_g 时，塑料出现橡胶状态的弹性体，称之为高弹态。处于这一状态下的塑料，其塑性变形能力大大增强，形变可逆。在这种状态下的塑料，可进行真空成型、中空成型、弯曲成型和压延成型等。由于此时的变形是可逆的，为了使塑件定形，成型后应立即把塑件冷却到 θ_g 以下的温度。

③ 黏流态 当塑料受热温度超过 θ_f 时，塑料出现明显的流动状态，塑料变成黏流的液体，通常我们称之为熔体。塑料在这种状态下的变形不再具有可逆性质，一经成型和冷却后，其形状就将永远保持下来。θ_f 称为黏流化温度，是聚合物从高弹态转变为黏流态（或黏流态转变为高弹态）的临界温度。

当塑料继续加热，温度达到 θ_d 时，塑料开始分解变色，塑料的性能迅速恶化。θ_d 称为热分解温度，是聚合物在高温下开始分解的临界温度。所以，θ_f 和 θ_d 是塑料成型加工的重要参考温度，$\theta_f \sim \theta_d$ 的范围越宽，塑料成型加工时的工艺就越容易调整。

(2) 热固性塑料在受热时的物理状态

热固性塑料在受热时，由于伴随着化学反应，它的物理状态变化与热塑性塑料有明显不同。开始加热时，与热塑性塑料相似，加热到一定温度后，很快由固态变成黏流态，这使它具有成型的性能。但这种流动状态存在的时间很短，很快由于化学反应的作用，塑料硬化变成坚硬的固体，再加热后仍不能恢复，化学反应继续进行，塑料还是坚硬的固体。当温度升到一定值时，塑料开始分解。

1.1.4 改性塑料及其特性

由于塑料的基础成分合成树脂本身力学性能不足，同时在合成新材料方面可能存在技术上的困难或投资过大；因此，工业上可一般通过对塑料进行改性以达到投资少、品种多的要求。

对塑料进行改性的目的不一，常用的有提高塑料的稳定性、阻燃、消烟、着色，提高力学性能，提高热力学性能，提高成型加工性能等。常用的目的及技术如下。

① 增强：将玻璃纤维等与塑料共混以增加塑料的机械强度。

② 填充：将矿物等填充物与塑料共混，使塑料的收缩率、硬度、强度等性质得到改变。

③ 增韧：通过给普通塑料加入增韧剂共混以提高塑料的韧性；增韧改性后的产品有

铁轨垫片等。

④ 阻燃：给普通塑料树脂里面添加阻燃剂，即可使塑料具有阻燃特性；阻燃剂可以是一种或者是几种阻燃剂的复合体系，如溴＋锑系、磷系、氮系、硅系以及其他无机阻燃体系。

⑤ 耐寒：增加塑料在低温下的强度和韧性；一般塑料固有的低温脆性使其在低温环境中应用受限，需要添加一些耐低温增韧剂以改变塑料在低温下的脆性；例如汽车保险杠等塑件，一般要求耐寒。

塑料经不同的工艺改性后，其性能亦发生较大的变化，具体的如表1-1所示。

■ 表1-1 常见改性剂对塑料性能的影响

项目	流动性	耐热性	拉伸强度	弯曲模量	冲击强度	收缩率	硬度	外观	加工性能
玻纤	↓	↑	↑	↑	↓	↓	↑	变差	变差、翘曲变形
滑石粉	↑	↑	↑	↑	↓	↓		变差	高填充有影响
阻燃剂	↓	↓	↓	↓	↓	变化不大	—	变差	易分解变色
增韧剂	不定	↓	↓	↓	↑	不定	↓	不定	流动性变差
硫酸钡	变化不大	↑	变化不大	↑	↓	变化不大	↑	变好	高填充有影响
合金化	不定，视材料而定								一般流动性变好
着色	一般无影响，极个别材料有影响					不变	不变	美观	色差

工业上，常见塑料的改性方法及改性后的效果如表1-2所示。

■ 表1-2 常见塑料的改性方法及效果

名称	改性方法	收缩率 /（1/1000）	HDT/℃	流动性 /（g/10min）	主要特点
PP （聚丙烯）	＋T10-40％	7～14	100～130	2～40	①改性PP的收缩率波动较大，在5％～20％ ②易加工、流动性好（180～230℃） ③阻燃PP对加工温度有限定（≤210℃） ④力学性能一般（与工程塑料相比）
	＋碳酸钙	12～18			
	＋硫酸钡	10～16			
	＋玻纤增强	5	150	一般	
	阻燃PP	11～16	—	—	
PS （聚苯乙烯）	＋阻燃	4～6 （2～5）	80～90	流动性一般	①加工性一般 ②阻燃类加工温度有严格要求 ③耐热性一般，不及PP类
ABS	＋阻燃				
PBT	＋玻纤/阻燃	11～14 （纵向:2～4 横向:9～12）	58 （210）	流动性差	①属于难加工类;对注塑工艺要求严格，加工前一般需要进行干燥 ②加工温度较高（250～300℃以上） ③阻燃类加工温度有严格要求 ④力学性能很好的结构件 ⑤耐热性较好
PA6 （尼龙6）	＋玻纤/阻燃	12～16 （纵向:2～4 横向:9～12）	70～80(210)		
	＋POE:合金		100(240)		
PC （聚碳酸酯）	＋玻纤/阻燃	5～7 （2～5）	135(150)		
	＋ABS,即 PC/ABS合金				

1.2　塑料原料的选用

1.2.1　制品功能要求与成型工艺的平衡

塑料原料会影响到塑件的使用性能、塑件的成型工艺、塑件的生产成本以及塑件的质量。目前为止，作为原材料的合成树脂种类已达到上万种，实现工业化生产的也不下千余种。但实际上并不是所有工业化的合成树脂品种都获得了具体应用，在具体应用中，最常用的树脂品种只有二、三十种。因此，我们所说的塑料材料的选用，一般只局限于二十多个品种之间。

在实际选用过程中，有些塑料在性能上十分接近，难分伯仲，需要多方考虑、反复权衡，才可以确定下来。因此，塑料材料的选用是一项十分复杂的工作，缺乏可遵循的规律。对于某一塑件，从选材这个角度应从以下因素中考虑。

(1) 选用的塑料要达到制品功能的要求

要充分了解塑件的使用环境和实际使用要求，主要从以下几个方面考虑：

① 塑料的力学性能　如强度、刚性、韧性、弹性、弯曲性能、冲击性能以及对应力的敏感性等是否满足使用要求。

② 塑料的物理性能　如对使用环境温度变化的适应性、光学特性、绝热或电气绝缘的程度、精加工和外观的完美程度等是否满足使用要求。

③ 塑料的化学性能　如对接触物（水、溶剂、油、药品）的耐性以及使用上的安全性等是否满足使用要求。

根据材料性能数据选材时，塑料和金属之间有明显的差别。对金属而言，其性能数据基本上可用于材料的筛选和制品设计。但对具有黏弹性的塑料却不一样，各种测试标准和文献记载的聚合物性能数据是在许多特定条件下测定的，通常是在短时期作用力或者指定温度或低应变速率下测定的，这些条件可能与实际工作状态差别较大，尤其不适于预测塑料的使用强度和对升温的耐力，所有的塑料选材在引用性能数据时一定要注意与使用条件和使用环境是否相吻合，如不吻合则要把全部所引用数据转换成与实际使用性能有关的工程性能，并根据要求的性能进行选材。

(2) 塑料工艺性能要满足成型工艺的要求

材料的工艺性能对成型工艺能否顺利实施、模具结构的确定和产品质量的影响很大，在选材时要认真分析材料的工艺性能，如塑料的收缩率的大小、各向收缩率的差异、流动性、结晶性、热敏性等，以便正确制定成型工艺及工艺条件、合理设计模具结构。

(3) 考虑塑料的成本

选用塑料材料时，要首选成本低的材料以便制成物美价廉的塑件，提高在市场上的竞争力。塑件的成本主要包括原料的价格、加工费用、使用寿命、使用维护费等。

在实际生产中，找出了一些选用塑料材料的规律，我们将这些规律作为塑料材料的选用原则。

① 一般质轻、比强度高的结构零件用塑料　一般结构零件，例如罩壳、支架、连接件、手轮、手柄等，通常只要求具有较低的强度和耐热性能，有的还要求外观漂亮，这类零件批量较大，要求有低廉的成本，大致可选用的塑料有：改性聚苯乙烯、低价聚乙烯、

聚丙烯、ABS 等。其中前三种塑料经玻璃纤维增强后能显著提高机械强度和刚性，还能提高热变形温度。在精密、综合性能要求好的塑件中，使用最普遍的是 ABS。

有时，也采用一些综合性能更好的塑料来达到某一项较高的性能指标，如尼龙 1010 和聚碳酸酯等。

② 耐磨损传动零件用塑料　这类零件要求有较高的强度、刚性、韧性、耐磨损和耐疲劳性，并有较高的热变形温度，如各种轴承、齿轮、凸轮、蜗轮、蜗杆、齿条、辊子、联轴器等。优先选用的塑件有 MC 尼龙、聚甲醛、聚碳酸酯；其次是聚酚氧、氯化聚醚、线性聚酯等。其中 MC 尼龙可在常压下于模具内快速聚合成型，用来制造大型塑件。各种仪表中的小模数齿轮可用聚碳酸酯制造；聚酚氧特别适用于精密零件及外形复杂的结构件；而氯化聚醚可用作腐蚀性介质中工作轴承、齿轮等，以及摩擦传动零件与涂层。

③ 减摩自润滑零件用塑料　这类零件一般受力较小，对机械强度要求往往不高，但运动速度较高，要求具有低的摩擦系数，如活塞环、机械运动密封圈、轴承和装卸用箱框等。这类零件选用的材料为聚四氟乙烯和各种填充物的聚四氟乙烯以及用聚四氟乙烯粉末或纤维填充的聚甲醛、低压聚乙烯。

④ 耐腐蚀零件用塑料　塑料具有很高的耐腐蚀性，其耐腐蚀性仅次于玻璃及陶瓷材料，一般要比金属好。不同品种塑料的耐腐蚀性不同，大多数塑料不耐强酸、强碱及强氧化剂。要求耐强酸、强碱及强氧化剂的，则应选各种氟塑料，如聚四氟乙烯、聚全氟乙丙烯、聚三氟乙烯及聚偏氟乙烯等。一些化工管道、容器及需要润滑的结构部件都宜应用耐腐蚀塑料材料制造。

⑤ 耐高温零件用塑料　一般结构零件和耐磨损传动零件所选用的塑料，大都只能在 80～150℃温度下工作，当受力较大时，只能在 60～80℃工作，对耐高温零件的塑料，除了有各种氟塑料外，还有聚苯醚、聚酰亚胺、芳香尼龙等，它们大都可以在 150℃以上工作，有的还可以在 260～270℃下长期工作。

⑥ 光学用塑料　目前光学塑料已有十余种，可根据不同用途选用。常有的光学塑料有聚甲基丙烯酸甲酯、聚碳酸酯、聚苯乙烯、聚甲基戊烯-1、聚丙烯、烯丙基二甘醇碳酸酯、苯乙烯丙烯酸酯共聚物、丙烯腈共聚物等。另外，环氧树脂、硅树脂、聚硫化物、聚酯、透明聚酰胺等也是可供选择的光学材料。光学塑料在军事上已应用于夜视仪器、飞行器的光学系统、全塑潜望镜、三防（核、化学、生物）保护眼镜等。在民用领域，也已应用于照相机、显微镜、望远镜、各种眼镜、复印机，传真机、激光打印机等设备。

选择光学材料的主要依据是光学性能，即投射率、折射率、散射及对光的稳定性。因使用条件的不同，还应考虑其他方面的性能，如耐热、耐磨损、抗化学侵蚀及电性能等。

充分考虑塑料制品的成型工艺性，如塑料熔体的流动性等。

在保证使用要求的前提下，塑料制品的形状应有利于充模、排气和补缩，同时能适应高效冷却硬化。

塑料设计应考虑成型模具的总体结构，特别是抽芯与脱出制品的复杂程度，同时应充分考虑模具零件的形状及制造工艺，以便使制品具有较好的经济性。

塑料制品设计的主要内容是零件的形状、尺寸、壁厚、孔、圆角、加强筋、螺纹、嵌件、表面粗糙度的设计。

1.2.2　塑料原料的检测与辨别方法

反映塑料熔体流动性能的指标是熔融指数，可以用 MI 或 MFR 来标示，前者是英文

"Melt Index"的缩写，后者是"Melt Flow Rate"（熔体流动速率）的缩写，此外还可以用 MVR（Melt Volume Rate，熔体体积流动速率）来测定和标示。

熔融指数（MI），也称熔体流动速率（MFR），其定义为：在规定条件下，一定时间内挤出的热塑性物料的量，也即熔体每 10min 通过标准口模毛细管的质量，单位为 g/10min。熔体流动速率可表征热塑性塑料在熔融状态下的黏流特性，对保证热塑性塑料及其制品的质量与调整生产工艺，都有重要的指导意义。

近年来，熔体流动速率仪从"质量"的概念上，又引伸到"体积"的概念上，即增加了熔体体积流动速率。其定义为：熔体每 10min 通过标准口模毛细管的体积，用 MVR（Melt Volume Rate，熔体体积流动速率）表示，单位为 cm³/10min。这样就从体积的角度出发，对表征热塑性塑料在熔融状态下的黏流特性以及调整生产工艺，又提供了一个科学的指导参数。对于原先的熔体流动速率，则明确地称其为熔体质量流动速率，仍记为 MFR。

熔体质量流动速率与熔体体积流动速率已在最近的 ISO 标准中明确提出，我国的标准也将作相应修订，而在进出口业务中，熔体体积流动速率的测定也将很快得到应用。

塑料熔融指数 MI（MFR）的测试装置如图 1-2 所示，具体的试验方法如下：在规定的温度与荷重下，测定熔融状态下的塑料材料在 10min 内通过某规定模孔的流量，即：

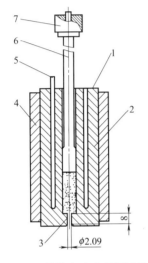

图 1-2　熔体流动速率测试仪

1—热电偶测温管；2—料筒；3—出料孔；
4—保温层；5—加热棒；6—柱塞；
7—砝码（砝码加柱塞共重 2160g）

$$MI = \frac{测定量(g)}{测定时间(s)} \times 600 (g/10min)$$

MI 越大，表示塑料的流动性越好。

试验要求：含有挥发性物质及水分的塑料粒必须进行预干燥，不然会导致重复性差和材料的降解。同时，应注意熔体流动速率与测试样品存在如表 1-3 所示的关系。

■ 表 1-3　熔体流动速率与测试样品等的关系

熔流范围/（g/10min）	建议样品用量/g	时间间隔/min	实测 MI/（g/10min）
0.15～1.0	2.5～3.0	6.0	1.67
1.0～3.5	3.0～5.0	3.0	3.33
3.5～10	5.0～8.0	1.0	10.00
10～25	4.0～8.0	0.5	20.00
25～50	4.0～8.0	0.5	40.00

经验总结

在工业生产实际中，为了快速、低成本地辨别出塑料的种类，往往采用燃烧法来辨别。常用塑料在燃烧时的特点如表 1-4 所示。

常用塑料的性能如表 1-5 所示。

■ 表1-4 常用塑料在燃烧时的特点

塑料代号	塑料名称	燃烧难易程度	离火后是否熄灭	火焰状态	塑料变化状态	气味
CN	硝化纤维素	极易	继续燃烧	—	迅速燃烧完	—
	聚酯树脂	容易		黑烟	微微膨胀,有时开裂	苯乙烯气味
ABS	ABS		继续燃烧	黄色	软化,烧焦	特殊
AS	SAN(AS)			黄色,浓黑烟	软化,起泡,比聚苯乙烯易燃	特殊聚丙烯氰味
CA	乙酸纤维素			黑烟		
EC	乙基纤维素			上端蓝色	熔融滴落	特殊气味
PE	聚乙烯			上端黄色,下端蓝色		石蜡燃烧味
POM	聚甲醛			—		强烈刺激甲醛鱼腥味
PP	聚丙烯					石油味
	醋酸纤维素			暗黄色		醋酸味
	醋酸丁酸纤维素			有少量黑烟		丁酸味
	醋酸丙酸纤维素				熔融滴落燃烧	丙酸味
	聚醋酸乙烯				软化	醋酸味
PETP	聚对苯二酸乙二醇酯			橘黄色,黑烟	起泡,伴有"噼啪"碎裂声	刺激性芳香味
	聚乙烯醇缩丁醛			黑烟	熔融滴落	特殊气味
PMMA	有机玻璃			浅蓝色,顶端白色	融化起泡	强烈腐烂花果蔬菜臭味
PS	聚苯乙烯			橙黄色,浓黑烟,炭飞扬	软化,起泡	特殊苯乙烯单体味
PF	酚醛(木粉)	缓慢燃烧	自熄	黄色 —	膨胀,开裂	木材和苯酚味
PF	酚醛(布基)		继续燃烧	黄色,少量黑烟		布和苯酚味
PF	酚醛(纸基)					纸和苯酚味
PC	聚碳酸酯		缓慢自熄	黑烟,炭飞扬	熔融起泡	强烈腐烂花果臭味
PA	尼龙 NYLON(PA)		缓慢自熄	蓝色,上端黄色	熔融滴落,起泡	羊毛、指甲烧焦味
UF	脲醛树脂	难	自熄	黄色,顶端淡蓝色	膨胀,开裂,燃烧处变白色	特殊气味,甲醛味
	三聚氰胺树脂			淡黄色		
PSU	聚苯砜		缓慢自熄	黄色,浓黑烟	熔融	略有橡胶燃烧味
CP	氯化聚醚		熄灭	飞溅,上端黄色、底部蓝色,浓黑烟	熔融,不增长	特殊
PPO	聚苯醚			浓黑烟	熔融	腐烂花果臭
PSF	聚砜			黄褐色烟		略有橡胶燃烧味
MF	蜜胺树脂			淡黄色	膨胀,开裂,白化	尿素味、氨味、甲醛味
PVC	聚氯乙烯		离火即灭	黄色,下端绿色白烟	软化	刺激性酸味
	氯乙烯-醋酸乙烯共聚物			暗褐色	软化	特殊气味
PVDC	聚偏氯乙烯	很难		黄色,端部绿色		
F3	聚三氟氯乙烯	不燃	—	—	—	—
F4	聚四氟乙烯		—	—	—	—

■ 表1-5　常用塑料的性能简明列表

序号	塑料名称	代号	流动性	屈服强度/MPa	拉伸强度/MPa	收缩率/%	吸水率/%	线胀系数/°C^{-1}	制品精度	相对密度	弯曲强度/MPa	压缩强度/MPa	断裂伸长率/%	冲击强度/(kJ/m²)	缺口冲击强度/(kJ/m²)	洛氏硬度	热变形温度/°C	摩擦因数
1	丙烯腈-丁二烯-苯乙烯共聚物	ABS	一般		35~62	0.3~0.8	0.2~0.45	8	3	1.05	69	69	3~60		7	65~115 HRR	86	
2	氨基树脂	AF							3									
3	氯化聚醚	CP	较差		49	0.5	0.01		4	1.4	65	69	60~130		1.6~2.2		99	0.4
4	环氧树脂	EP							3									
5	聚三氟氯乙烯	F3	较差		37		<0.01	5.8		2.13	70	14	125		17	115HRR	198	0.3
6	聚四氟乙烯	F4	较差		27.6		<0.01	10.5		2.18	21	13	233		2.7		288	0.1
7	聚四氟乙烯增强	F4+20%GF			17.5		<0.01	7.1	3	2.26	21	17	207		1.8			0.3
8	聚全氟乙丙烯	F46	较差		32		<0.01	5.8		2.11	55	12	190		37	110HRR	198	
9	高密度聚乙烯	HDPE	较好	22~30	27	2~5.0	<0.01	12.5	5	0.95	11	10	>500		40~70	70HRR	78	
10	高抗冲聚苯乙烯(不脆胶)	HIPS			20	0.2~0.6	0.2	3.4~21		1.05		20.5	3.5					
11	硬质聚氯乙烯	HPVC	较差		45.7	0.6~1.0	0.07~0.4	5	4	1.5	100				2.2~10.6	75~85 HRD		
12	液晶聚合物	LCP				0.006			6								315	
13	低密度聚乙烯	LDPE	较好		7~15	1.5~5.0	<0.01	22		0.92	34	28	>650		80~90	45HRR	50	
14	改性聚苯醚	MPPO	较好															
15	聚酰胺6	PA6	较好		74	0.6~1.4	3	8.3	4	1.14	120		70	33	8.3	114 HRM	58	0.6
16	聚酰胺6增强	PA6+30%GF			110	0.3~0.7	1.1	2.2	3	1.37	210		3	76			190	

续表

序号	塑料名称	代号	流动性	屈服强度/MPa	拉伸强度/MPa	收缩率/%	吸水率/%	线胀系数/℃⁻¹	制品精度	相对密度	弯曲强度/MPa	压缩强度/MPa	断裂伸长率/%	冲击强度/(kJ/m²)	缺口冲击强度/(kJ/m²)	洛氏硬度	热变形温度/℃	摩擦因数
17	聚酰胺66	PA66	较好		80	0.8~1.5	3.4~3.6	7	4	1.15	130		60	39	9.5	118HRM	60	0.5
18	聚酰胺66增强	PA66+30%GF			189	0.2~0.8	0.5~1.3		3	1.38	262		3	102			248	
19	聚芳砜	PASF			91	0.8	1.8	3.6		1.37	121	126	13	243	8.7	110HRM	274	
20	聚对苯二甲酸丁二醇酯	PBT			55	0.44	0.09	9.2		1.31	85		200~300		4.3	72HRM	66	
21	聚对苯二甲酸丁二醇酯增强	PBT+30%GF			137	0.2	0.07	2.7	3	1.53	196		4		7.8	121HRR	220	0.4
22	聚碳酸酯(防弹胶)	PC			61	0.5	0.15	7.2	3	1.2	82	78	90		20	80HRM	133	
23	聚碳酸酯增强	PC+30%GF	较差		132	0.2	0.1	2.7	3	1.45	170	125	<5		8	90HRM	146	
24	聚醚醚酮	PEEK			103			10		1.3			11		1387		145	
25	聚醚酮	PEK						8.4									185	
26	聚醚酮酮	PEKK			102					1.3			4					
27	聚醚砜	PES			85	0.6	0.25	5.5	3	1.14	89	110	80	296	12.1	98HRM	210	
28	聚对苯二甲酸乙二酯	PET			78	1.8	0.26	10		1.38	115		50		4		70	
29	涤纶(的确良)	PET+30%GF			124	0.2~0.9	0.05	2.9	3	1.6	196		3		80	120HRP	215	
30	酚醛塑料(电木粉)	PF							3									
31	聚酰亚胺	PI			100	0.75	0.3	3		1.38	205	166		53	4		360	
32	聚甲基丙烯酸甲酯(亚加力)	PMMA	一般		55~77	0.2~0.8	0.34	7	3	1.19	110	130	2.5~6		21	118HRM	100	0.4

续表

序号	塑料名称	代号	流动性	屈服强度/MPa	拉伸强度/MPa	收缩率/%	吸水率/%	线胀系数/℃⁻¹	制品精度	相对密度	弯曲强度/MPa	压缩强度/MPa	断裂伸长率/%	冲击强度/(kJ/m²)	缺口冲击强度/(kJ/m²)	洛氏硬度	热变形温度/℃	摩擦因数
33	聚甲醛共聚（赛钢）	共聚POM	一般		62	1.5~3.5	0.21	8.5		1.43	98	110			65	80HRM	110	0.3
34	聚甲醛共聚增强	共聚POM+25%GF			130			2.6	3	1.61	182				86	94HRM	163	
35	聚甲醛均聚	均聚POM	一般		70	1.5~3	0.25	7.5	5	1.43	90	127			76		124	
36	聚丙烯（百折胶）	PP	较好		29	1~2.5	0.01	8	5	0.9	50	45	>200		0.5	80~110HRR	102	0.5
37	聚丙烯增强	PP+30%GF				0.4~0.8	0.05	4										
38	聚苯醚	PPO	较差		76	0.7	0.03	4	3	1.06	114		60	127	76	119HRR	173	
39	聚苯硫醚增强	PPS+40%GF			137	<0.12	<0.05	3	3	1.6	204		1.3			132HRR	260	
40	聚苯乙烯（硬胶）	PS	较好		50	0.4~0.7	0.05	8	3	1.05	105	115	2		16	65~90 HRM	85	
41	聚砜	PSF	较差		75	0.6	0.22	5.7	3	1.24	128	98	50~100	310	14.2	169HRR	185	
42	聚氨酯	PU																
43	软质聚氯乙烯	SPVC			10.5~20.5	1.5~2.5	0.25	1	6	1.4		8.8						
44	超高分子量聚乙烯	UHMWPE			30~50	2~3	<0.01	12.5		0.94	11	10	>500		>100	38HRR	95	0.2

1.3 塑料制品的成型工艺性要求

1.3.1 壁厚

塑料制品的壁厚设计与零件尺寸大小、几何形状和塑料性质有关。

① 塑料制品的壁厚决定于塑料制品的使用要求，即强度、结构、尺寸稳定性以及装配等各项要求，壁厚应尽可能均匀，避免太薄，否则会引起零件变形，产品壁厚一般为 2～4mm。小制品可取偏小值，大制品应取偏大值，如表1-6所示。

■ 表1-6 塑件的壁厚推荐值 mm

塑料	最小壁厚	小型塑料制品推荐壁厚	中型塑料制品推荐壁厚	大型塑料制品推荐壁厚
聚酰胺(PA)	0.45	0.75	1.6	2.4～3.2
聚乙烯(PE)	0.6	1.25	1.6	2.4～3.2
聚苯乙烯(PS)	0.75	1.25	1.6	3.2～5.4
耐冲击聚苯乙烯(HIPS)	0.75	1.25	1.6	3.2～5.4
有机玻璃(PMMA)	0.8	1.5	2.2	4～6.5
硬聚氯乙烯(UPVC)	1.15	1.6	1.8	3.2～5.8
聚丙烯(PP)	0.85	1.45	1.75	2.4～3.2
聚碳酸酯(PC)	0.95	1.8	2.3	3～4.5
聚苯醚(PPO)	1.2	1.75	2.3	3.5～6.4
醋酸纤维素(EC)	0.7	1.25	1.9	3.2～4.8
聚甲醛(POM)	0.8	1.40	1.6	3.2～5.4
聚砜(PSF)	0.95	1.80	2.3	3～4.5
ABS	0.75	1.5	2	3～3.5

② 塑料制品相邻两壁厚应尽量相等，若需要有差别时，如图1-3所示，相邻的壁厚比应满足 $t : t_1 \leqslant 1.5 \sim 2$ 的要求。

③ 塑料凸肩 H 与壁厚 t 之间的关系如图1-4所示，图(a)中所示 $H > t$，则造成塑料制品的厚度不均匀，应改为图(b)所示 $H \leqslant t$，可使塑料制品的壁厚不均匀程度减小。

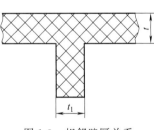

图1-3 相邻壁厚关系

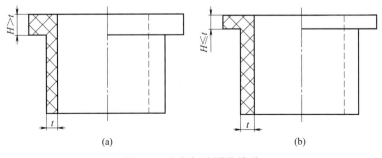

图1-4 凸肩与壁厚的关系

1.3.2 过渡圆角

为了避免应力集中，提高强度和便于脱模，零件的各面连接处应设计过渡圆角。零件结构无特殊要求时，在两面折弯处应有圆角过渡，一般半径不小于 $0.5\sim1\mathrm{mm}$，且 $\geqslant t$，如图 1-5 所示。

零件内外表面的拐角处设计圆角时，应保证零件壁厚均匀一致，以 R 为内圆角半径，R_1 为外圆角半径，t 为零件的壁厚，其关系如图 1-6 所示。

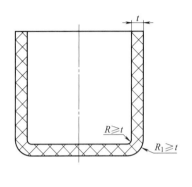

图 1-5 过渡圆角

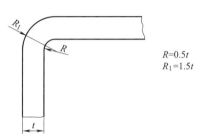

$R=0.5t$
$R_1=1.5t$

图 1-6 内外圆角半径与壁厚的关系

1.3.3 加强筋

为了确保零件的强度和刚度，而又不使零件的壁厚过大，避免零件变形，可在零件的适当部位设置加强筋。加强筋的尺寸关系如图 1-7 所示。

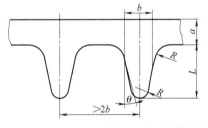

$L = (1\sim3)a$
$b = (0.5\sim1)a$
$R = (0.125\sim0.25)a$
$\theta = 2°\sim4°$
当 $a\leqslant2\mathrm{mm}$ 时，可选择 $a=b$

图 1-7 加强筋的尺寸关系

① 加强筋的高度与圆角半径如图 1-8 所示。

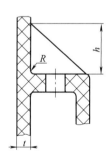

mm

h	6	$6\sim13$	$13\sim19$	19 以上
R	$0.8\sim1.5$	$1.5\sim3$	$3\sim5$	$6\sim7$

图 1-8 加强筋的高度与圆角半径关系

② 设计加强筋时，应使中间筋低于外壁 $0.5\sim1\mathrm{mm}$，以减少支承面积，达到平直要

求，如图 1-9 所示。

1.3.4 孔

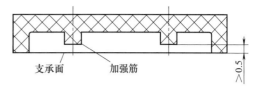

图 1-9　加强筋与外壁关系

孔的圆周壁厚会影响到孔壁的强度。孔口与塑件边缘间距离 a 不应小于孔径，并不小于零件壁厚 t 的 0.25 倍。孔口间的距离 b 不宜小于孔径的 0.75 倍，并不小于 3mm。孔的圆周壁厚 c、突起部分的厚度 h（如为盲孔，则为孔底厚度 H），h（H）与 c 之比不能超过 3，如图 1-10 所示。

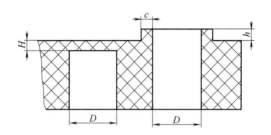

mm

D	$\leqslant 3$	$>3 \sim 6$	$>6 \sim 10$	$>10 \sim 18$	$>18 \sim 30$	$>30 \sim 50$
H 和 c	1	1.5	2.5	3.5	4	5

图 1-10　孔的参数关系

1.3.5 螺纹

内螺纹直径一般不能小于 2mm，外螺纹直径不能小于 4mm。螺距不小于 0.5mm。螺纹的拧合长度一般不大于螺纹直径的 1.5 倍，为了防止塑料螺纹的第一扣牙崩裂，并保证拧入，必须在螺纹的始端和末端留有 0.2～0.8mm 的圆柱形空间，并注意塑料制品的螺纹不能有退刀槽，否则无法脱模，如图 1-11 所示。

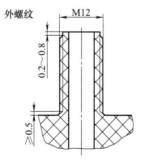

图 1-11　螺纹参数关系

1.3.6 嵌件

由于用途不同，嵌件的形式不同，材料也不同，但使用最多的是金属嵌件。其优点是提高塑料制品的机械强度、寿命、尺寸的稳定性和精度。

① 嵌件外塑料层最小厚度如图 1-12 所示。

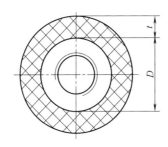

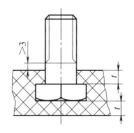

嵌件直径 D	≤4	>4~8	>8~12	≥12~16	≥16
最小壁厚 t	≥1.5	≥2	≥3	≥4	≥5

图 1-12　嵌件直径与外塑层的厚度关系

② 回转体的轴及轴套嵌件形式如图 1-13 所示。

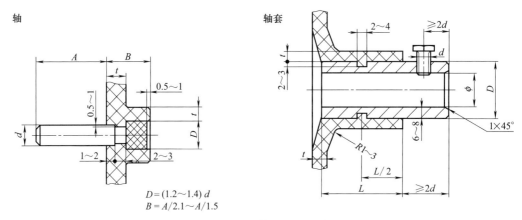

$D = (1.2 \sim 1.4)\,d$
$B = A/2.1 \sim A/1.5$

图 1-13　回转体与塑层的关系

1.3.7　压花

塑料制品的周围上滚花必须是直纹路的，并与脱模方向一致。滚花的尺寸可参考图 1-14。

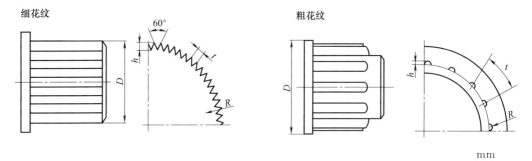

直径 D	≤18	>18~50	>50~80	>80~120	≤18	>18~50	>50~80	>80~120
齿距 t	1.2~1.5	1.5~2.5	2.5~3.5	3.5~4.5	4R			
半径 R	0.2~0.3	0.3~0.5	0.5~0.7	0.7~1	0.3~1	0.5~4	1.5~5	2~6
齿高 h	≈0.86t				0.8R			

图 1-14　滚花

1.3.8 塑料制品自攻螺钉预留底孔直径

塑料制品自攻螺钉预留底孔直径如图 1-15 所示。

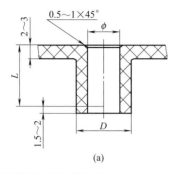
(a)

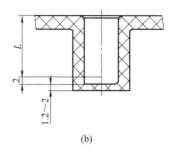
(b)

注：1. L 为螺钉的有效工作长度。

2. 一般情况应选用图（a）结构，特殊情况可选图（b）结构。

mm

螺纹规格	ϕ	D
ST 2.2	1.7	5
ST 2.9	2.4	6
ST 3.5	2.9	7
ST 4.2	3.4	9
ST 4.8	4.2	11
（KT-28）4×10	3.3	9

图 1-15　自攻螺钉预留底孔直径

1.3.9 塑料制品尺寸公差值

塑料制品的尺寸公差值如表 1-7 所示。

■ 表 1-7　塑料制品的尺寸公差值

mm

基本尺寸	等级							
	1	2	3	4	5	6	7	8
≥3	0.04	0.06	0.09	0.14	0.22	0.36	046	0.56
>3~6	0.04	0.07	0.10	0.16	0.24	0.40	0.50	0.64
>6~10	0.05	0.08	0.11	0.18	0.26	0.44	0.54	0.70
>10~14	0.05	0.09	0.12	0.20	0.30	0.48	0.60	0.76
>14~18	0.06	0.10	0.13	0.22	0.34	0.54	0.66	0.84
>18~24	0.06	0.11	0.15	0.24	0.38	0.60	0.74	0.94
>24~30	0.07	0.12	0.16	0.26	0.42	0.66	0.82	1.04
>30~40	0.08	0.14	0.18	0.30	0.46	0.74	0.92	1.18
>40~50	0.09	0.16	0.22	0.34	0.54	0.86	1.06	1.36
>50~65	0.11	0.18	0.26	0.40	0.62	0.96	1.22	1.58
>65~80	0.13	0.20	0.30	0.46	0.70	1.14	1.44	1.84
>80~100	0.15	0.22	0.34	0.54	0.84	1.34	1.66	2.10
>100~120	0.17	0.26	0.38	0.62	0.96	1.54	1.94	2.40
>120~140	0.19	0.30	0.44	0.70	1.08	1.76	2.20	2.80
>140~160	0.22	0.34	0.50	0.78	1.22	1.98	2.40	3.10
>160~180		0.38	0.56	0.86	1.36	2.20	2.70	3.50

基本尺寸	等　　级							
	1	2	3	4	5	6	7	8
>180~200		0.42	0.60	0.96	1.50	2.40	3.00	3.80
>200~225		0.46	0.66	1.06	1.66	2.60	3.30	4.20
>225~250		0.50	0.72	1.16	1.82	2.90	3.60	4.60
>250~280		0.56	0.80	1.28	200	3.20	4.00	5.10
>280~315		0.62	0.88	1.40	2.20	3.50	4.40	5.60
>315~355		0.68	0.98	1.56	2.40	3.90	4.90	6.30
>355~400		0.76	1.10	1.74	2.70	4.40	5.50	7.00
>400~450		0.85	1.22	1.94	3.00	4.90	6.10	7.80
>450~500		0.94	1.34	2.20	3.40	5.40	6.70	8.60

注：1. 表中公差数值用于基准孔取（＋）号，用于基轴取（－）号。

2. 表中公差数值用于非配合孔取（＋）号，用于非配合轴取（－）号，用于非配合长度取（±）号。

注塑成型的工艺条件

2.1 注塑成型的原理与工艺流程

2.1.1 注塑成型的原理

注塑成型也称塑料注射成型，其基本设备是注塑机和注塑模具，图 2-1 所示为螺杆式注塑机的注塑成型原理。其原理是，将粒状或粉状的塑料加入注射机料筒，经加热熔融后，由注射机的螺杆高压高速推动熔融塑料通过料筒前端喷嘴，快速射入已经闭合的模具型腔，充满型腔的熔体在受压情况下，经冷却固化而保持型腔所赋予的形状，然后打开模具，取出制品。

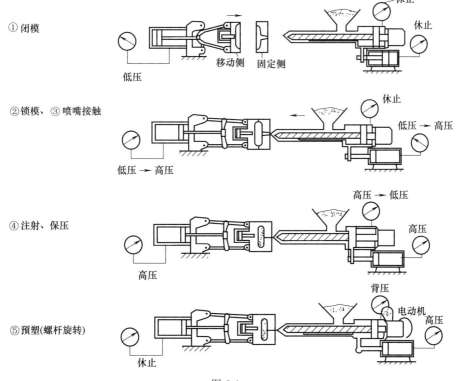

图 2-1

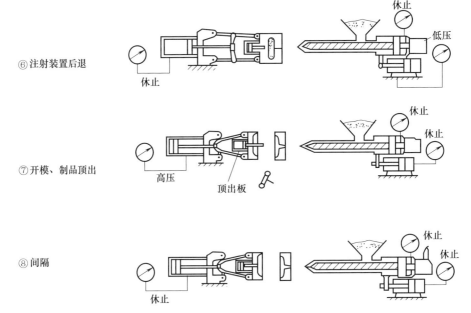

⑥ 注射装置后退

⑦ 开模、制品顶出

⑧ 间隔

图 2-1　螺杆式注射机注塑成型原理

🔍 知识拓展

　　实际工作时，注塑机可以省略喷嘴的前进、后退的工作过程，而使喷嘴一直接触模具。标准动作的成型称为移动成型，而上述成型称为接触成型。接触成型时，由于喷嘴前端一直与模具相接触，喷嘴前端部分会因模具温度低而冷却，导致喷嘴口被凝固的树脂堵塞不能进行注射，或凝固的树脂就会注入成型品使之成为次品。如果不担心上述情况的话，则可以采用这种方法缩短成型周期。应尽量采用喷嘴接触成型法。

2.1.2　塑料在注塑成型过程中的变化

　　塑料原料在注塑过程中，依次会发生软化、熔融、流动、赋形及固化等变化，如图 2-2 所示。

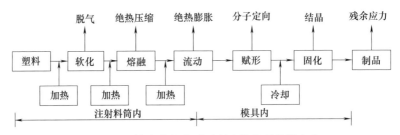

图 2-2　塑料在注塑成型过程中的物理化学变化

(1) 软化和熔融

　　如图 2-3 所示为注塑机的料筒及螺杆结构，料筒外部设有圆形加热器，在螺杆的转动下，塑料一边前进一边熔融，最后经喷嘴被注射到模具内。

（2）流动

从图2-4中可知，熔体在模腔的壁面附近流动极慢，而在模腔的中心部分流动较快，塑料的分子在流动较快的区域中被拉伸和取向。塑料在这样的状态下经冷却固化成为制品后，由于和流动的平行方向及垂直方向产生收缩率之差，往往会造成制品的变形和翘曲。

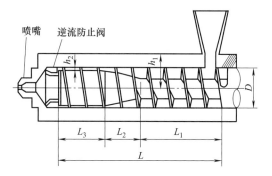

图2-3 注塑机料筒和螺杆结构示意

L_1—送料段；L_2—压缩段；L_3—计量段；

h_1/h_2—压缩比；D—螺杆直径

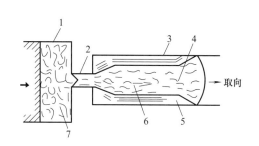

图2-4 注塑时塑料流动引起的分子取向（定向作用）

1—注塑机；2—树脂注入模具（实际上由主流道、浇口组成）；

3—模具（型腔内部）；4—中心处流速较快的部分；

5—沿模腔壁面而流速极慢的部分；6—同取向而拉伸展开

的树脂分子；7—缠绕在一起的树脂分子

（3）赋形和固化

熔融塑料在注射时，经喷嘴进入模具中被赋予形状，并经冷却和固化而成为制品。但熔融塑料被充填到模具中的时间实际上只有数秒钟，要想观察其充填过程是非常困难的，如图2-5所示。

熔融塑料被赋形后就进入了固化过程，在固化过程中发生的主要现象是收缩，固化时因冷却引起的收缩和因结晶化而引起的收缩将同时进行。图2-6所示为三种不同结晶性的聚乙烯在温度下降时的收缩情况。

粗点画线[图中圆弧（圆环）状
的线]表示从浇口离开时间为
$t(s)=0.23,0.43,0.68,0.93,1.28,1.48$
的料流前端，——为熔接线

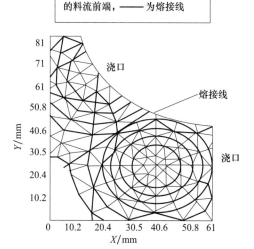

图2-5 塑件（汽车车门）注塑时料流前端即熔接线

a—相对密度为0.9645的PE

b—相对密度为0.95的PE

c—相对密度为0.918的PE

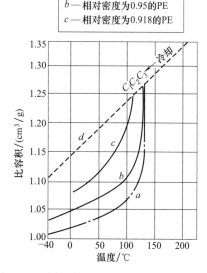

图2-6 不同温度下聚乙烯（PE）的密度变化

2.2 注塑成型的工艺条件

2.2.1 注射压力

注射压力是用来克服熔体在流动过程中的阻力的，流动过程中存在的阻力需要注塑机的压力来抵消，给予熔体一定的充填速度及对熔体进行压实、补缩，以保证充填过程顺利进行。

如图2-7所示，在注塑过程中，注塑机喷嘴处的压力最高，以克服熔体全程中的流动阻力；其后，注射压力随着流动长度往熔体最前端逐步降低，如果模腔内部排气良好，则熔体前端最后的压力就是大气压。

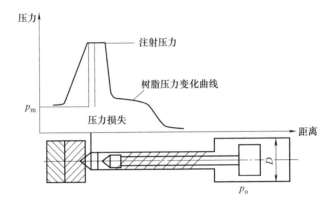

图 2-7　注射压力的形成与消耗

如图2-8所示，随着流动长度的增加，沿途需要克服的阻力也增加，注射压力也随着增大。为了维持恒定的压力梯度以保证熔体充填速度的均一，必须随着流动长度的变化而相应地增加注射压力，因而必须相应增加熔体入口处的压力，以维持需要的注塑流动速度。

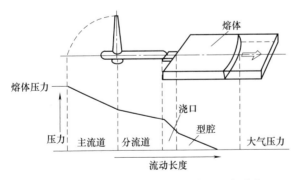

图 2-8　注射压力沿着熔体流动路径上的分布

2.2.2 保压压力

在注射过程即将结束时，注射压力切换为保压压力后，就会进入保压阶段。保压过程中注塑机由喷嘴向型腔补料，以填充由于制件收缩而空出的容积；如果型腔充满后不进行保压，则制件大约会收缩25％左右，特别是筋处会由于收缩过大而形成收缩痕迹。保压压力一般为充填最大压力的85％左右，当然要根据实际情况来确定。

如图2-9所示，1表示注射开始；3表示填充过程中发生了保压切换；4表示型腔已经充满，填充过程进入补塑阶段，后填充阶段包含保压和冷却两个过程。

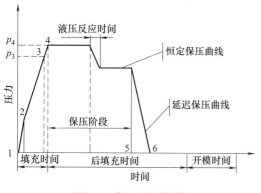

图 2-9　保压过程控制

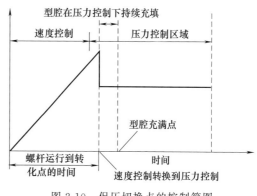

图 2-10　保压切换点的控制简图

特别注意：经验表明，保压时间过长或过短都对成型不利：保压时间过长会使得保压不均匀，塑件内部应力增大，塑件容易变形，严重时会发生应力开裂；保压时间过短则保压不充分，制件体积收缩严重，表面质量差。

保压曲线分为两部分，一部分是恒定压力的保压，需要 2～3s，称为恒定保压曲线；另一部分是保压压力逐步减小释放，大约需要 1s，称为延迟保压曲线，延迟保压曲线对于成型制件的影响非常明显。如果恒定保压曲线变长，则制件体积收缩会减小，反之则增大；如果延迟保压曲线斜率变大，延迟保压时间变短，则制件体积收缩会变大，反之则变小；如果延迟保压曲线分段且延长，则制件体积收缩变小，反之则变大。

知识拓展

注塑填充过程中，当型腔快要充满时，螺杆的运动从流动速率控制转换到压力控制，这个转化点称为保压切换控制点。保压切换对于成型工艺的控制很重要，保压切换点以前熔体前进的速度和压力很大，保压切换后，螺杆向前挤压推动熔体前进的压力较小。如果不进行保压切换，则当型腔充满熔体时压力会很大，造成注射压力陡增，所需锁模力也会变大，甚至会出现溢料（飞边）等一系列的缺陷。

注塑机中的保压切换一般都是按照注塑位置进行的，也就是当螺杆进行到某一位置时即发生保压切换，保压切换的位置、时间和压力如图 2-10 所示。

如图 2-11 所示为不同的保压设置而可能得到的结果。其中：1 为经过优化的设置，没有出现错误，可以期望得到高质量的零件；2 的模腔压力出现尖峰，原因是 V-P 切换过迟（过度注射）；3 是在压缩前压力下降，原因是 V-p 切换过早（充填失控，注塑件翘曲）；4 是保压阶段中压力下降，导致压力保持时间过短，熔体回

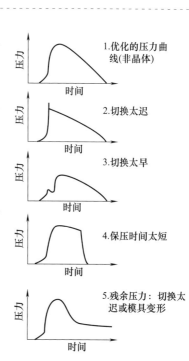

图 2-11　不同的保压设置得到的不同结果

流，浇口附近出现凹痕；5为制品残余压力大，原因是模具刚度不够大，或者是$V\text{-}p$切换太迟，注射阶段模具板面发生变形，导致熔体凝固后应力没有释放。

2.2.3 螺杆的背压

在塑料熔融、塑化过程中，熔体不断移向料筒前端（计量室内），且越来越多，逐渐形成一个压力，推动螺杆向后退。为了阻止螺杆后退过快，确保熔体均匀压实，需要给螺杆提供一个反方向的压力，这个反方向阻止螺杆后退的压力称为背压，如图2-12所示。

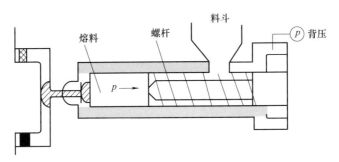

图2-12 背压的形成原理

🔍 **知识拓展**

背压亦称塑化压力，它的控制是通过调节注射油缸的回油节流阀实现的。预塑化螺杆注射油缸后部都设有背压阀，调节螺杆旋转后退时注射油缸泄油的速度，使油缸保持一定的压力；全电动机的螺杆后移速度（阻力）是由AC伺服阀控制的。

📢 **特别注意**：适当调校背压对注塑质量有很大的好处。在注塑成型过程中，适当调整背压的大小，可以获得如下好处。

① 能将料筒内的熔体压实，增加密度，提高注射量、制品重量和尺寸的稳定性。

② 可将熔体内的气体"挤出"，减少制品表面的气花、内部气泡，提高光泽均匀性。

③ 减慢螺杆后退速度，使料筒内的熔体充分塑化，增加色粉、色母与熔体的混合均匀度，避免制品出现混色现象。

④ 适当提升背压，可改善制品表面的缩水和产品周边的走胶情况。

⑤ 能提升熔体的温度，使熔体塑化质量提高，改善熔体充模时的流动性，使制品表面无冷胶纹。

2.2.4 锁模力

锁模力是为了抵抗塑料熔体的对模具的胀力而设定的，其大小根据注射压力等具体情况决定。但实际上，塑料熔体从注塑机的料筒喷嘴射出后，要经过模具的主流道、分流道、浇口而进入模腔，途中的压力损失是很大的。图2-13（b）所示为注射压力在料筒至进入模具的整个过程中变化情况，从图中所示压力变化可知，到达模腔的末端时其压力将下降到仅相当于初始注射压力的20%。

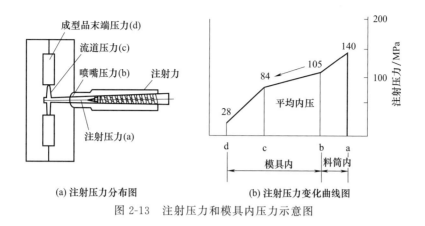

图 2-13　注射压力和模具内压力示意图

2.2.5　料筒温度

熔体温度必须控制在一定的范围内，温度太低，则熔体塑化不良会影响成型件的质量，增加工艺难度；温度太高，则原料容易分解。在实际的注塑成型过程中，熔体温度往往比料筒温度高，高出的数值与注塑速率和材料的性能有关，最高可达 30℃。这是由于熔体通过浇口时受到剪切而产生很高的热量造成的，如图 2-14 所示。

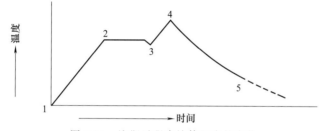

图 2-14　注塑过程中熔体温度的变化

知识拓展

料筒温度是影响注射压力的重要因素，注塑机料筒一般有 5～6 个加热段，每种原料都有其合适的成型温度，具体的成型温度可以参阅供应商提供的数据。表 2-1 所示是部分塑料的成型温度。

■ 表 2-1　常用塑料的加热温度　　　　　　　　　　　　　　　　　　　　　　　　　　　　　℃

ABS	PP	PS	PC	POM	PVC
235	225	235	300	205	190

特别注意：关于注射温度即喷嘴附近的温度调整的大体原则，主要是根据塑料的基本情况来考虑。如具有活性原子团的聚合物（多为缩合物）的最佳期注射温度距离熔点较近，寻找和考察其最佳温度时，每次进行 2～3℃ 范围的小幅度调节即可。而对于不具有活性原子团的聚合物，其最佳注射温度比熔点要高得多（50℃ 前后），而且考察其最佳注射温度，要进行 5～10℃ 范围的较大幅度的调节，如图 2-15 所示。

2.2.6　模具温度

注塑成型时模具温度分布情况如图 2-16 所示。为了保证制品的质量，对模具温度的设定也存在着最佳温度，如制造对外观要求较高的 ABS 盒状制品时，可将模腔中制品的外表面侧（即固定模板侧）温度设定在 50～65℃，而将内表面侧（动模板侧）的温度设定在低于外表面侧 10℃ 左右，此时得到的制品其表面无缩痕，外观好。又如，模具温度较高的话，制品表面的转印性能较好，特别是成型表面有花纹等的制品时，就应适当地提高模具温度。

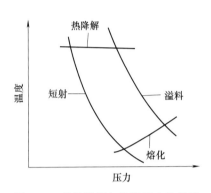

图 2-15　熔体温度与注射压力的关系

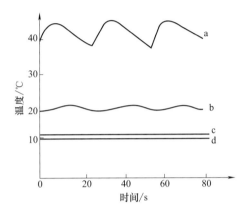

图 2-16　模具内不同位置的温度-时间曲线
a—模腔表面；b—冷却管路壁面；
c—冷却管路出口；d—冷却管路进口

经验总结

对结晶型塑料而言，其结晶速度受冷却速度支配，如果提高模具温度，则由于冷却慢，可以使塑料的结晶度变大，有利于提高和改善其制品的尺寸精度和力学、物理性能等。如尼龙塑料、聚甲塑料、PBT 塑料等结晶型塑料，都因这样的缘由而需采用较高的模具温度。表 2-2 所示为常见热塑性塑料注塑成型时的模具温度。

■ 表 2-2　常见热塑性塑料注塑成型时的模具温度　　　　　　　　　　　　　　　　　℃

塑料种类	模温	塑料种类	模温
HDPE	60～70	PA6	40～80
LDPE	35～55	PA610	20～60
PE	40～60	PA1010	40～80
PP	55～65	POM	90～120
PS	30～65	PC	90～120
PVC	30～60	氯化聚醚	80～110
PMMA	40～60	聚苯醚	110～150
ABS	50～80	聚砜	130～150
改性 PS	40～60	聚三氟氯乙烯	110～130

2.2.7　注射速率

注射速率是指螺杆前进将塑料熔体充填到模腔时的速率，一般用单位时间的注射质量

（g/s）或螺杆前进的速率（m/s）表示，它和注射压力都是注射条件中的重要条件之一。不同的充模速率，可能导致出现不同的效果。图 2-17 所示为低速充模和高速充模时的料流情况。

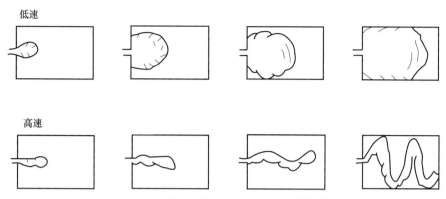

低速

高速

图 2-17　两种不同注射速率下的充模情况

低速注射时，料流速率慢，熔体从浇口开始逐渐向型腔远端流动，料流前呈球形，先进入型腔的熔体先冷却而流速减慢，接近型腔壁的部分冷却成高弹态的薄壳，而远离型腔壁的部分仍为黏流态的热流，继续延伸球状的流端，至完全充满型腔后，冷却壳的厚度加大而变硬。这种慢速充模由于熔体进入型腔进时间长，冷却使得黏度增大，流动阻力也增大，故需要用较高的注射压力充模。

2.2.8　注射量

注射量为制品和主流道分流道等加在一起时的总质量（g），如果其值小于注塑机最大注射量（g），则在理论上是可以成型的。但是，一般情况下，注射量应小注塑机的额定注射量的 85%。但实际使用的注射量如果太小的话，塑料会因在料筒中的滞留时间过长而产生热分解。为避免这种现象的发生，实际注射量应该在注塑机的额定注射量的 30% 以上。因此，一般注射量最好设定在注塑机额定注射量的 30%～85% 之间。

2.2.9　螺杆的射出位置

注射位置是注塑工艺中最重要的参数之一，注射位置一般是根据塑件和凝料（水口料）的总重量来确定的，有时要根据所用的塑料种类、模具结构、产品质量等来合理设定积压段注射的位置。

知识拓展

大多数塑料制品的注塑成型均采用三段以上的注射方式，注射的位置包括残量位置、注射的各段位置、熔体终点位置及倒索（抽胶）位置等，如图 2-18 所示。

2.2.10　注射时间

注射时间就是施加压力于螺杆的时间，包含塑料的流动、模具充填、保压所需的时间，因此注射时间、注射速度和注射压力都是重要的成型条件，至于寻找正确的注射时间

则可以用两种方法进行：外观设定方法和重量设定方法。

尽管注射时间很短，对于成型周期的影响也很小，但是注射时间的调整对于浇口、流道和型腔等的压力控制有着很大作用。合理的注射时间有助于熔体实现理想充填，而且对于提高制品的表面质量以及减小尺寸公差值有着非常重要的意义。

🔍 知识拓展 ··

注射时间要远远低于冷却时间，为冷却时间的 1/15～1/10。这个规律可以作为预测塑件全部成型时间的依据，如图 2-19 所示。

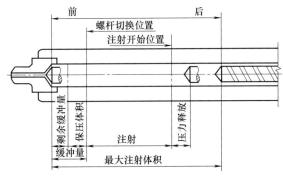

图 2-18 螺杆的射出位置

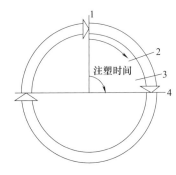

图 2-19 注射时间在成型周期中所占的比例
1—注射循环开始；2—注射充填；
3—保压切换；4—型腔充满

2.2.11 冷却时间

冷却过程基本是由注塑开始而并不是注塑完成后才开始的，而冷却时间的长短是基于保证塑件定型能开模取出而设定的。一般冷却时间占周期时间的 70%～80%，如图 2-20 所示。

2.2.12 螺杆转速

螺杆转速影响注塑物料在螺杆中输送和塑化的历程和剪切效应，是影响塑化能力、塑

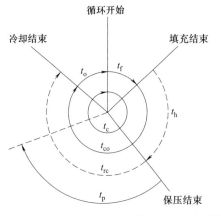

t_f	填充时间
t_h	保压时间
t_{rc}	剩余冷却时间
t_{co}	冷却时间
t_p	塑化时间
t_o	模具开合时间
t_c	循环时间 ($t_f + t_{co} + t_o$)

图 2-20 冷却循环时间

化质量和成型周期等因素的重要参数。随螺杆转速的提高，塑化能力提高，熔体温度及熔体温度的均匀性提高，塑化作用有所下降。螺杆转速一般为 $50\sim120r/min$。

对热敏性塑料（如 PVC、POM 等），可采用低螺杆转速，以防物料分解；对熔体黏度较高的塑料，也可采用较低的螺杆转速。

2.2.13 防延量（螺杆松退量）

螺杆计量（预塑）到位后，又直线地倒退一段距离，使计量室中熔体的空间增大，内压下降，防止熔体从计量室向外流出（通过喷嘴或间隙），这个后退动作称防流延，后退的距离称防延量或防流延行程。防流延还有另外一个目的，就是在喷嘴不退回进行预塑时，降低喷嘴流道系统的压力，减少内应力，并在开模时容易抽出主流道。防延量的设置要视塑料的黏度和制品的情况而定（一般为 $2\sim3mm$），过大的防延量会使计量室中的熔体夹杂气泡，严重影响制品质量；对黏度大的物料可不设防延量。

2.2.14 残料量

螺杆注射结束之后，并不希望把螺杆头部的熔体全部注射出去，还希望留存一些，形成一个残料量。这样，一方面可防止螺杆头部和喷嘴接触发生机械碰撞事故；另一方面可通过此残料量来控制注射量的重复精度，达到稳定注塑制品质量的目的（残料量过小，则达不到缓冲的目的，过大会使残料累积过多）。一般残料量为 $5\sim10mm$。

2.2.15 注塑过程模腔压力的变化

模腔压力是能够清楚地表征注塑过程的唯一参数，只有模腔压力曲线能够真实地记录注塑过程中的注射、压缩和压力保持阶段。模腔压力变化是反映注塑件质量（如重量、形状、飞边、凹痕、气孔、收缩及变形等）的重要特征，模腔压力的记录不仅提供了质量检验的依据，而且可准确地预测塑件的公差范围。

（1）模腔压力特征

模腔压力曲线上的典型特征点如图 2-21 所示。表 2-3 所示为图 2-21 所示每一特征点或每一时间段的压力变化效应。

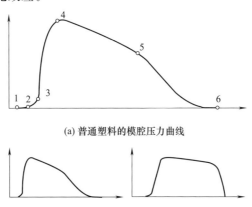

(a) 普通塑料的模腔压力曲线

(b) 非结晶性塑料的模腔压力曲线　(c) 结晶性塑料的模腔压力曲线

图 2-21　模腔压力曲线

■ 表 2-3　模腔压力曲线特征点的压力变化

特征点	动作	过程事件	熔体注入	对材料、压力曲线和注塑的影响
1	注射开始	液压上升 螺杆向前推进		
1-2	熔体注入模腔	传感器所在位置的模腔压力＝1bar(1bar＝10^5Pa)		
2	熔体到达传感器	模腔压力开始上升		
2-3	充填模腔	充填压力取决于流动阻力	平稳上升	①缓慢注入 ②无压力峰 ③内部应力低
			快速上升	①快速注入 ②出现压力峰 ③内部压力大 ④注塑件飞边
3	模腔充满	理想的 V-P(体积-压力)切换时刻		①注射控制适当 ②切换适时,注塑件内部压力适中
3-4 (-5)	压缩熔体	体积收缩的平衡	平衡上升	①压缩率低 ②无压力峰 ③平衡过度 ④注塑件内部应力低 ⑤可能产生气孔
			快速上升	①压缩率高 ②出现压力峰,过度注射 ③内部应力高 ④注塑件飞边
4	最大模腔压力	取决于保持压力和材料特性		
4-6	压力持续下降		非晶体材料	①保压时间适当 ②过程优化
4-6	压力下降出现明显转折	晶态固化	半晶体材料	①保压时间适当 ②过程优化
4-6	压力下降出现明显转折	熔体回流	非晶体材料	①保压时间过短 ②浇口未密封 ③注塑件凹陷
5	凝固点	浇口处熔体冷却(模腔内体积不变)		
6	大气压力＝收缩过程开始	保持尺寸稳定的重要监控依据		压力波动通常标志着注塑件尺寸不一致

(2) 最大模腔压力

如图 2-22 所示,最大模腔压力取决于保持压力的设定值,也会受到注射速度、注塑件的几何形状、塑料本身的特性及模具和熔体温度的影响。

(3) 压力的作用时间

如图 2-23 所示,压力的突然下降表明压力保持时间过短,熔体从尚未凝固的浇口回流。

(4) 模腔压力的变化曲线

一般而言，流动阻力小，压力损耗会较小，保压较完全，浇口的封闭时间就会晚，补偿收缩的时间则相应增加，模腔的压力就会较高。

① 保压时间的影响　保压时间越短，模腔压力降低越快，最终模腔压力降低，如图2-24所示。

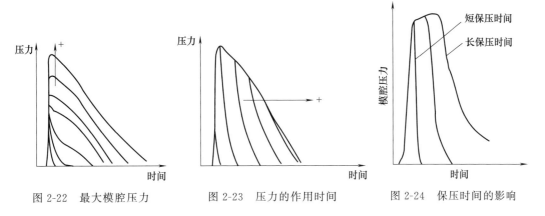

图 2-22　最大模腔压力　　　图 2-23　压力的作用时间　　　图 2-24　保压时间的影响

② 塑料熔体温度的影响　注塑机喷嘴入口的塑料温度越高，浇口越不易封口，补料时间越长，压降越小，因此模腔压力也越高，如图2-25所示。

③ 模具温度的影响　模具的模壁温度越高，与塑料的温度差越小，温度梯度越小，冷却速率越慢，塑料熔体传递压力时间越长，压力损失越小，因此模腔压力也越高；反之，模温越低，模腔压力越小，如图2-26所示。

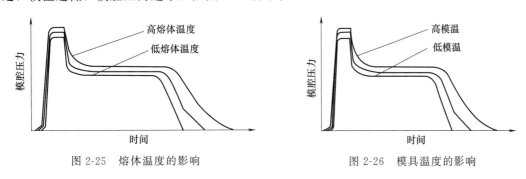

图 2-25　熔体温度的影响　　　　　　　　图 2-26　模具温度的影响

④ 塑料种类的影响　保压及冷却过程中，结晶型塑料的比体积变化较非结晶性塑料大，模腔压力曲线较低，如图2-27所示。

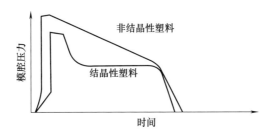

图 2-27　塑料种类的影响

⑤ 流道及浇口长度的影响 一般而言，流道越长，压降损耗越大，模腔压力越低，浇口长度也是与模腔压力成反比的关系，如图 2-28 所示。

⑥ 流道及浇口尺寸的影响 流道尺寸过小造成压力损耗较大，将降低模腔压力；浇口尺寸增加，浇口压力损耗小，使模腔压力较高；但当截面积超过某一临界值时，塑料通过浇口发生的黏滞加热效应削弱，料温降低，黏度提高，使压力传递效果变差，反而降低模腔压力，如图 2-29 所示。

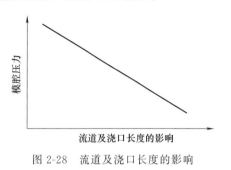

图 2-28　流道及浇口长度的影响　　　　　图 2-29　流道及浇口尺寸的影响

2.2.16　注塑成型过程中时间、压力、温度分布

塑料在注塑成型过程中，时间、温度和压力等工艺条件在不同阶段的分布关系如图 2-30 所示。

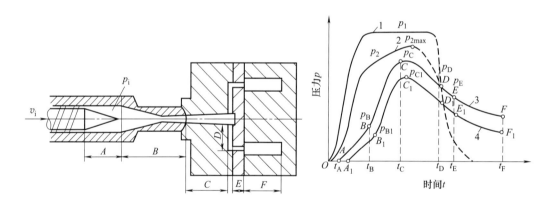

图 2-30　注射过程的时间、压力、温度分布

v_i—螺杆速度；p_i—注射压力；A—计量室流道长度；B—喷嘴流道长度；
C—主流道长度；D—分流道长度；E—浇口长度；F—型腔长度

2.2.17　设定工艺参数的一般流程与要点

在设定注塑工艺参数时，一般按照以下流程进行，每个步骤都总结了其设置要点。

(1) 设置塑料的塑化温度

① 温度过低时，塑料就可能不能完全熔融或者流动比较困难。

② 熔融温度过高，塑料会降解。

③ 从塑料供应商那里获得准确熔融温度和成型温度。

④ 料筒上有三到五个加热区域，最接近料斗的加热区温度最低，其后逐渐升温，在

喷嘴处加热器需保证温度的一致性。

　⑤ 实际的熔融温度通常高于加热器设定值，主要是因为背压的影响与螺杆的旋转而产生的摩擦热。

　⑥ 探针式温度计可测量实际的熔体温度。

（2）设置模具温度

　① 从塑料供应商那里获取模温的推荐值。

　③ 模温可以用温度计测量。

　③ 应该将冷却液的温度设置为低于模温 10～20℃。

　④ 如果模温是 40～50℃ 或者更高，就要考虑在模具与锁模板之间设置绝热板。

　⑤ 为了提高零件的表面质量，有时较高的模温也是需要的。

（3）设置螺杆的注射终点

　① 注射终点就是由充填阶段切换到保压阶段时螺杆的位置。

　② 如图 2-31 所示，垫料不足的话制品表面就有可能产生缩痕。一般情况下，垫料长度设定为 5～10mm。

　③ 经验表明，如在本步骤中设定注射终点位置为充填模腔的 2/3，就可以防止注塑机和模具受到损坏。

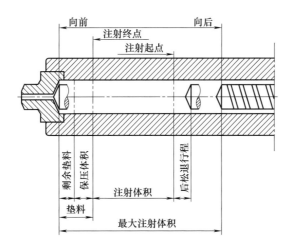

图 2-31　设置螺杆的注射终点

（4）设置螺杆转速

　① 设置所需的转速来塑化塑料。

　② 塑化过程不应该延长整个循环周期的时间；如果非要这样，那么就需提高速度。

　③ 理想的螺杆转速是在不延长循环周期的情况下，设置为最小的转速。

（5）设置背压压力值

　① 推荐的背压是 5～10MPa。

　② 背压太低会导致出现不一致的制品。

　③ 增加背压会增加摩擦热并减少塑化所需的时间。

　④ 采用较低的背压时，会增加材料停留在料筒内的时间。

（6）设置注射压力值

① 设置注射压力为注塑机的最大值的目的是为了更好地利用注塑机的注射速度，所以压力设置将不会限制注射速度。

② 在模具充填满之前，压力就会切换到保压压力阶段，因此模具不会受到损坏。

（7）设置初始保压压力值

① 设置保压压力为0MPa，那么螺杆到达注射终点时就会停止，这样就可以防止注塑机和模具受到损坏。

② 步骤（17）中保压压力将会增加，达到其最终设定值。

（8）设置注射速度为注塑机的最大值

① 采用最大的注射速度时，将会获得更小的流动阻力、更长的流动长度、更强的熔合纹强度。

② 但是，这样就需要设置排气孔。排气不畅的话会出现困气，就会在型腔里产生非常高的温度和压力、导致灼痕、材料降解和短射。

③ 显示熔接纹和困气出现的位置。应该设计合理的排气系统，以避免或者减小由困气引起的缺陷。

④ 此外还需要定期地清洗模具表面和排气设施，尤其是对于ABS/PVC材料。

（9）设置保压时间

① 理想的保压时间应取浇口凝固时间和零件凝固时间的最小值。

② 浇口凝固时间和零件凝固时间可以被计算或估计出。

③ 对于首次实验，可以根据CAE软件预测充模时间，然后设置保压时间为此充模时间的10倍。

（10）设置足够的冷却时间

① 冷却时间可以估计或计算，它包括保压时间和持续冷却时间。

② 开始可以估计持续冷却时间为10倍的注射时间，例如，如果预测的注射时间是0.85s，那么保压时间就是8.5s，而额外的冷却时间就是8.5s，这样就可以保证零件和流道系统充分固化以便脱模。

（11）设置开模时间

① 通常来说，开模时间设置为2～5s，这包括开模、脱模、合模，如图2-32所示。

② 加工循环周期是注射时间、保压时间、持续冷却时间和开模时间的总和。

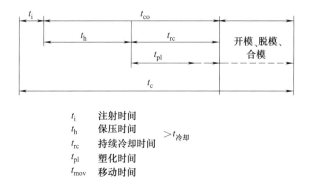

图2-32 开模时间在注塑周期中的比例

（12）逐步增加注射体积直至型腔容积 95%

① 通过 CAE 软件可以测出塑件和浇口流道等的重量，有了这些信息，加上已知的螺杆直径或料筒的内径，则每次注射的注射量和注射起点位置可以被估计出。

② 因此，仅仅充填模具的 2/3。保压压力设定为 0MPa。这样，在螺杆到达注射终点位置时，充模会停止，这可以保护模具。接下来，每步增加 5%～10%，直到充满型腔容积的 95%。

③ 为了防止塑料从喷嘴流延，使用了压缩安全阀。在螺杆转动结束后，立即回退几毫米，以释放在塑化阶段建立的背压。

（13）**切换到自动操作**

进行自动操作的目的是为了获得加工过程的稳定性。

（14）**设置开模行程**

开模行程包括了型芯高度、零件高度、取出空间，如图 2-33 所示。应当使开模行程最短，每次开模时，起始速度应当较低，然后加速，在快结束时，再次降低。合模与开模的顺序相似，即"慢—快—慢"。

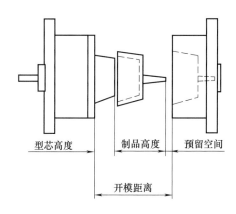

图 2-33　开模行程

（15）**设置脱模行程、起始位置和速度**

首先消除所有的滑动，最大的顶杆行程是型芯的高度。如果注塑机装有液压顶杆装置，则将开始位置设置在零件完能从定模中取出的位置。如果顶出的速度等于开模速度，则零件保留在定模侧。

（16）**设置注射体积到充满型腔容积的 99%**

当工艺过程已经固定（每次生产出同样的零件）时，调节注射终点位置为充满型腔的 99%。这样可以充分利用最大的注射速度。

（17）**逐步增加保压压力**

① 逐步增加保压压力值，每次增加约 10MPa。如果模腔没有完全充满，就需要增加注射体积。

② 选择可接受的最低压力值，这样可使制品内部的压力最小，并且能够节约材料，也降低了生产成本；一个较高的保压压力会导致较高的内应力，内应力会使零件翘曲。内应力可以通过将制品加热到热变形温度 10℃ 以下进行退火来释放。

③ 如果垫料用尽了，那么保压的末期就起不到作用。这就需要改变注射起点位置以增加注射体积。

④ 液压缸的液压可以通过注塑机的压力计读得。然而，螺杆前部的注射压力更为重要，为了计算注射压力，需要将液压乘上一个转换因子。转换因子通常可以在注塑机的注射部分或者用户指导手册中找到，一般为 10～15。

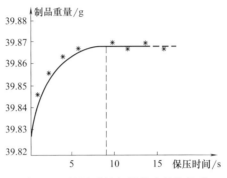

图 2-34　保压时间与制品重量的关系

（18）得到最短的保压时间

① 最简单地获得最短保压时间的方法是开始时设置一个较长的保压时间，然后逐步减少直到出现缩痕的现象。

② 如果零件的尺寸较为稳定，则可以利用图 2-34 获得更精确的保压时间，根据图中所示制品重量和保压时间的关系曲线，得到浇口或制品凝固的时间。例如，在 9s 之后，保压时间对于零件的重量没有影响，那么这就是最短保压时间。

（19）得到最短的持续冷却时间

减少持续冷却时间直到零件的最大表面温度达到材料的热变形温度。热变形温度可以从供应商提供的塑料材料手册中查到。

在上述过程中，如果是新产品投产，则在对工艺参数值没有把握时，应注意以下几点：

① 温度：偏低设置塑料温度（防止分解）和偏高设置模具温度。

② 压力：注射压力、保压压力、背压均从偏低处开始（防止过量充填引起模具、机器损伤）。

③ 锁模力：从偏大处开始（防止溢料）。

④ 速度：注射速度，从稍慢处开始（防止过量充填）；螺杆转数，从稍慢处开始；开闭模速度，从稍慢处开始（防止模具损伤）；计量行程，从偏小处开始（防止过量填充）。

⑤ 时间：注射保压时间，从偏长处开始（确认浇口密封）；冷却时间，从偏长处开始。

2.3　注塑成型的准备工作

2.3.1　塑料的配色

某些塑料制品对颜色有精确的要求，因此，在注塑时必须进行准确的颜色配比，常用的配色工艺有以下两种。

第一种方法是用色母料配色，即将热塑性塑料颗粒按一定比例混合均匀即可用于生产，色母料的加入量通常为 0.1％～5％。

第二种方法是将热塑性塑料颗粒与分散剂（也称稀释剂、助染剂）、颜色粉均匀混合成着色颗粒。分散剂多用白油，25kg 塑料用白油 20～30mL、着色剂 0.1％～5％。可用作分散剂的还有松节油、酒精以及一些酯类等。热固性塑料的着色较为容易，一般将颜料混入即可。

2.3.2 塑料的干燥

相关理论

塑料材料分子结构中含有酰胺基、酯基、醚基、腈基等基团而具有吸湿性倾向，由于吸湿而使塑料含有不同程度的水分，当水分超过一定量时，制品就会产生银纹、收缩孔、气泡等缺陷，同时会引起材料降解。

经验总结

易吸湿的塑料品种有 PA、PC、PMMA、PET、PSF（PSU）、PPO、ABS 等。原则上，上述材料成型前都应进行干燥处理。不同的塑料，其干燥处理的条件不尽相同。表 2-4 所示为常见塑料的干燥条件。

■ 表 2-4　常见塑料的干燥条件

材料名称	干燥温度/℃	干燥时间/h	干燥厚度/mm	干燥要求（含水量）/%
ABS	80～85	2～4	30～40	0.1
PA	95～105	12～16	<50	<0.1
PC	120～130	>6	<30	0.015
PMMA	70～80	2～4	30～40	—
PET	130	5	—	—
PBT	120	<5	<30	—
PSF(PSU)	120～140	4～6	20	0.05
PPO	120～140	2～4	25～40	

干燥的方法很多，如循环热风干燥、红外线加热干燥、真空加热干燥、气流干燥等。应注意的是，干燥后的物料应防止再次吸湿。表 2-5 所示为常见塑料成型前允许的含水量。

■ 表 2-5　常见塑料成型前允许的含水量

塑料名称	允许含水量/%	塑料名称	允许含水量/%
PA6	0.10	PC	0.01～0.02
PA66	0.10	PPO	0.10
PA9	0.05	PSU	0.05
PA11	0.10	ABS(电镀级)	0.05
PA610	0.05	ABS(通用级)	0.10
PA1010	0.05	纤维素塑料	0.20～0.50
PMMA	0.05	PS	0.10
PET	0.05～0.10	HIPS	0.10
PBT	0.01	PE	0.05
UPVC	0.08～0.10	PP	0.05
软 PVC	0.08～0.10	PTFE	0.05

2.3.3 嵌件的预热

相关理论

由于塑料与金属材料的热性能差异很大，两者相比较，塑料的热导率小，线胀系数大，成型收缩率大，而金属收缩率小，因此，有金属嵌件的塑料制品，在嵌件周围易产生裂纹，致使制品强度较低。

要解决上述问题，在设计塑料制品时，应加大嵌件周围塑料的厚度，加工时对金属嵌件进行预热，以减少塑料熔体与金属嵌件的温差，使嵌件四周的塑料冷却变慢，两者收缩相对均匀，以防止嵌件周围产生较大的内应力。

经验总结

嵌件预热需要由塑料的性质、嵌件的大小和种类决定。对具有刚性分子链的塑料，如PC、PS、PSF、PPO等，当有嵌件时必须预热；而对含柔性分子链的塑料且嵌件又较小时，可不预热。

嵌件一般预热温度为110～130℃，如铝、铜预热可提高到150℃。

2.3.4 脱模剂的选用

对某些结构复杂的塑料制品，注塑成型时需要在模具的型芯上喷洒脱模剂，以使塑料制品从模具的型芯上顺利脱出。

传统的脱模剂有：硬酯酸锌、白油、硅油。硬酯酸锌除聚酰胺外，一般塑料均可使用；白油作为聚酰胺的脱模剂效果较好；硅油效果好；但使用不方便。

2.4 多级注射成型工艺

2.4.1 注射速度对熔体充模的影响

相关理论

充模指高温塑料熔体在注射压力的作用下通过流道及浇口后在低温型腔内的流动及成型过程。影响充模的因素较多，从注塑成型条件上讲，充模流动是否平衡、持续与注射速度（浇口处的表现）等因素密切相关。

图形说明

图2-35所示描述了4种不同注射速度下的熔体流动特征状态。其中图2-35（a）所示为采用高速注射充模时产生的蛇形流纹或"喷射"现象；图2-35（b）所示为使用中速偏高注射速度的流动状态，熔体通过浇口时产生的"喷射"现象减少，基本上接近"扩展流"状态；图图2-35（c）所示为采用中速偏低注射速度的流动状态，熔体一般不会产生"喷射"现象，熔体能以低速平稳的"扩展流"充模；图2-35（d）所示为采用低速注射充模，可能因为充模速度太慢而造成充模困难甚至失败。

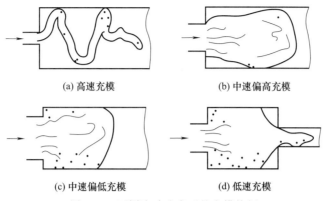

(a) 高速充模

(b) 中速偏高充模

(c) 中速偏低充模

(d) 低速充模

图 2-35　不同流动速度下的充模特征

知识拓展

通常聚合物熔体在扩展流模型下进行的扩展流动也分三个阶段进行：熔体刚通过浇口时前锋料头为辐射状流动的初始阶段，熔体在注射压力作用下前锋料头呈弧状的中间流动阶段，以黏弹性熔膜为前锋头料的匀速流动阶段。

初始阶段熔料的流动特征是，经浇口流出的熔料在注射压力、注射速度的作用下具有一定的流动动能，这种动能（这时刚进入型腔，不受任何流动阻力的影响）的大小影响着锋头熔料的辐射状态特征、扩散的体积大小等。当这种作用力特别强时，可能产生"喷射"现象；当这种作用力的动能适当时，从源头出发的熔体各流向分布均匀，扩散状态较佳。

随着初期阶段的发展，熔体将很快扩散，与型腔壁接触时会出现两种现象：①受型腔壁的作用力约束而改变了扩散方向的流向；②受型腔壁的冷却及摩擦作用而产生流动阻力，使熔体在各部位的流动产生速度差。这种流动的特征表现为熔体各点的流动速度不等，熔体芯部的流速最大，前锋头料的流动呈圆弧状；同时各点的流动形成一个速度不等的拖曳及牵制，流动阻力随流动行程的增加而呈增大的趋势。

最后阶段流动的熔料以黏弹性熔膜为锋头快速充模。在第二、第三阶段充模过程中注射压力与注射速度形成的动能是影响充模特征的主要因素。图 2-36 为扩展流动变化过程及速度分布图。注塑件的形状是多种多样的，图中所示仅为一种模型。充模流动过程中的流动特征、能量损失与制品的形状关系甚大，而不同的塑料具有不同的流动特征。

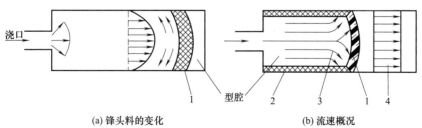

(a) 锋头料的变化

(b) 流速概况

图 2-36　扩展流动过程的模型

1—低温熔模；2—塑料的冷固层；3—熔体的流动方向；4—低温熔模处的流速分布

2.4.2 多级注射成型的工艺原理

(1) 熔体在型腔中的理想流动状态

如前所述，匀速扩展流的特征及塑料熔体从浇口开始流动的阶段不应发生类似于"喷射"及喷射的特征，要求熔体在流动到浇口的初级阶段不应具有特别大的动能（过大的流动动能会导致喷射及蛇形纹的产生）；在充模中期扩展状态应具有一定的动能用以克服流动阻力，并使扩展流达到匀速扩展状态；在充模的最后阶段要求具有黏弹性的熔体快速充模，突破随着流动距离增加而增大的流动阻力，达到预定的流速均匀稳态。根据流变学原理判断，这种理想状态的流动可使注塑制品具有较高的物理、力学性能，消除制品的内应力及取向，消除制品的凹陷缩孔及表面流纹，增加制品表面光泽的均匀性等。

(2) 多级注射进程的实现

相关理论

多级注射成型实质上是在塑料熔体向型腔充模的瞬间实现不同注射速度的控制，使塑料熔体在充模流动中达到一种近似理想的状态。这种理想状态下的充模流程不会给塑料制品带来质量缺陷，不会产生应力、取向力。一般而言，注塑成型过程中，注射充模的过程仅需在几秒至十几秒内完成，而多级注射成型工艺就是要求在很短的时间内将充模过程转化为不同注射速度控制的多种充模状态的延续。

图形说明

按照实际多段注射状态的 5 级要求实施不同的注射量，熔体的动能必须由注塑机来实现。在目前的注塑机控制中已经可以实现分段甚至更多段的注射控制，如图 2-37 所示。

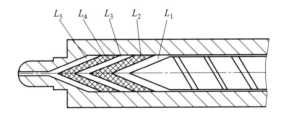

图 2-37 注塑机螺杆的分段控制示意图

如图 2-37 所示，可以实现 5 段注射控制，每段具有不同的注射量，通过行程控制的注射量为：

$$Q_{Ln} = \frac{\pi}{4} D^2 L_n \rho$$

式中　Q_{Ln}——注射量；

　　　L_n——注射行程；

　　　D——注塑机螺杆直径；

　　　ρ——塑料的密度。

因而在每一段可以使用不同的注射速度与注射压力来实现这一阶段熔料的动能。虽然它的流动动能受浇注系统的影响而发生改变，但要求其体积流量的变化要小。

经验总结

在生产实际中，实现多级注射的注塑机的注射速度是进行多级控制的，通常可以把注射过程如图 2-38 所示那样分 3 个或 4 个区域，并把各区域设置成各自不同的适当注射速度，即可以实现多级注射成型。目前，一些注塑机还具有多级预塑和多级保压功能。

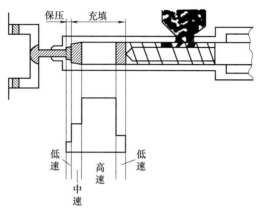

图 2-38　注射速度的程序控制

（3）多级注射成型工艺曲线

经验总结

多级注射成型工艺虽然是对熔料充模状态的描述，但它的控制是由注塑机来实现的。从注塑机的控制原理来看，可以利用注射速度（注射压力）与螺杆给料行程形成的曲线关系。图 2-39 所示为典型的多级注射成型工艺曲线，即在注射过程中对不同的给料量施加不同的注射压力与注射速度。

（4）多级注射成型的优点

在注塑成型中，高速注射和低速注射各有优缺点。经验表明，高速注射大体上具有如下优点：缩短注射时间；增大流动距离；提高制品表面光洁度；提高熔接痕的强度；防止产生冷却变形。而低速注射大体上具有如下的优点：有效防止产生溢边；防止产生流动纹；防止模具跑气跟不上进料；防止带进空气；防止产生分子取向变形。

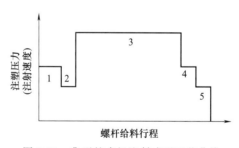

图 2-39　典型的多级注射成型工艺曲线

多级注射结合了高速注射和低速注射的优点，以适应塑料制品几何形状日益复杂、模具流道和型腔各断面变化剧烈等的要求，并能较好地消除制品成型过程中产生的注射纹、缩孔、气泡、汇笼线、烧伤等缺陷。

多级注射成型工艺突破了传统的注射加保压的注射加工方式，有机地将高速与低速注射加工的优点结合起来，在注射过程中实现多级控制，可以克服注塑件的许多缺陷。图 2-40 所示就是采用了在注射的初期使用低速、模腔充填时使用高速、充填接近终了时再使用低速注射的方法。通过注射速度的控制和调整，可以防止和改善制品外观如毛边、喷射痕、银纹或焦痕等各种不良现象。

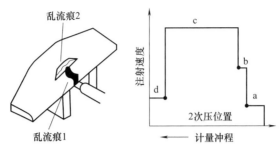

图 2-40　用不同的注射速度消除乱流痕

经验总结

实践表明，通过多级程序控制注塑机的油压、注射速度、螺杆位置、螺杆转速，大都能改善注塑制品的外观不良情况，如改善制品的缩水、翘曲和毛边等。

2.4.3　多级注射成型的工艺设置

图形说明

多级注射成型工艺的曲线反映的是螺杆给料行程与注塑机提供的注射压力与注射速度的关系，因而设计多级注射成型工艺时需要确定两个主要因素：其一是螺杆给料行程及分段；其二是需要设置的注射压力与注射速度。图 2-41 给出了典型的制品（分 4 区）与注塑机分段的对应关系，一般可以依据该对应关系确定出分段的规则，并可根据浇注分流的特征同样确定各段的工艺参数。

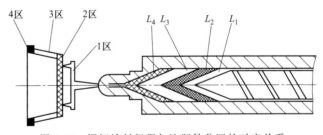

图 2-41　螺杆给料行程与注塑件分区的对应关系

特别注意：在实际生产中，多级注射控制程序可以根据流道的结构、浇口的形式及注塑件结构的不同，来合理设定多段注射压力、注射速度、保压压力和熔体充填方式，从而有利于提高塑化效果、提高制品质量、降低不良率及延长模具、机器等的寿命。

(1) 分级的设定

在进行各级注射成型工艺设计初始阶段，首先对制品进行分析，确定各级注射的区域。一般分为 3～5 区，依据制品的形状特征、壁厚差异特征和熔料流向特征划分，壁厚一致或差异小时近似为一个区；以料流换向点或壁厚转折点作为多级注射的每一区段转换点；浇注系统可以单独设置为一个区。如图 2-41 中所示的制品依据外形特征即将料流换向处作为一个转折点即 2 区与 3 区的转折点；而将壁厚变换点作为另一个转折点即 3 区与 4 区的转折点。可以将多级注射分为四个区，即制品三个区、浇注系统一个区。

在生产实践中，一般的塑件注塑时至少要设定三段或四段注射才是比较科学的。浇口和流道为第一段、进浇口处为第二段、制品充填到 90％ 左右时为第三段、剩余的部分为第四段（亦称末段）。

对于结构简单且外观质量要求不高的塑件，可采用三段注射。但对结构比较复杂、外观缺陷多、质量要求高的塑件进行注塑时，需采用四段以上的注射控制程序。

注射程序的段数，一定要根据流道的结构，浇口的形式、位置、数量和大小，塑件结构，制品要求及模具的排气效果等因素进行科学分析、合理设定。

① 对于直浇口的制品，既可以采用单级注射的形式，也可以采用多级注射的形式。对于结构简单精度要求不高的小型塑件，可采用低于三级注射的控制方式。

② 对于复杂和精度要求较高的、大型的塑料制品，原则上选择四级以上的多级注射工艺。

(2) 注射进程的设置

如图 2-41 所示，根据制品的形状特征将制件分区后，反映在注塑机螺杆上分别对应于螺杆的分段，那么螺杆的各分段距离可以依据分区的标准进行预算，首先预算出制品分区后对应的各段要求的注射量（容积），采用对应方法可以计算出螺杆在分段中的进程，如 n 区的容积为 Q_{vn}，则注塑机 n 段的行程为：

$$L_n = \frac{Q_{vn}}{\frac{\pi}{4}D^2}$$

在多级注射的注塑生产实践中，确定螺杆注射进程方法如下：

第一级的注射量（即注射终止位置）是浇注系统的浇口终点。除直浇口外，其余的几乎都采用中压中速或者中压低速；第二级注射的终止位置是从浇口终点开始至整个型腔 1/2～2/3 的空间。

第二级注射应采用高压高速、高压中速或者中压中速，具体数值根据制品结构和使用的塑料材料而定。

第三级开始注射级别，宜采用中压中速或中压低速，位置是恰好充满剩余的型腔空间。

上述 3 级进程都属于熔体充填过程。

最后一级注射属于增压、保压的范畴，保压切换点就在这级注射终止位置之间。切换点的选择方法有两种：计时和位置。

当注射开始时，注射计时即开始，同时计算各级注射终止位置，如果注射参数不变，则依照原料的流动性不同，流动性较佳的，最后一级终止位置比计时先到达保压切换点，此时完成充填和增压进程，此后注射进入保压进程，未达到的则不再计时而直接进入保压；流动性较差的，计时完成而最后一级注射终止位置还未到达切换点，同样不需等位置到达而直接进入保压。

综上所述，设置多级注射的注射进程应注意以下几点。

① 塑料原料流动性中等的注塑过程，可在测得保压点后，再把时间加几秒，作为

补偿。

② 塑料原料流动性差的注塑过程，如混合有回收料的塑料、低黏度塑料，由于注射过程不太稳定，应使用计时较佳，将保压切换点减小（一般把终止位置设定为零），以计时来控制，自动切换进入保压。

③ 塑料原料流动性好的注塑，以位置来控制保压切换点较佳，将计时加长，到达设定切换点后进入保压。

④ 保压切换点即模具型腔已充填满的位置，注射位置已难再前进，数字变换很慢，这时必须切换压力才能使制品完全成型，该位置在注塑机的操作画面上可以观察到（计算机语言）。

此外，关于多级保压的使用问题，可以按照以下方法确定：加强筋不多、尺寸精度要求不高的制品及高黏度原料的制品使用一级保压，保压压力比增压进程的压力高，而保压时间短；而加强筋较多、尺寸精度要求不高的制品，一般要启用多级保压。

(3) 注射压力与注射速度的设定

① 浇注系统的注射压力与注射速度

一般浇注系统的流道较小，常常使用较高的注射速度及注射压力（选用范围为60%～70%），使熔料快速充满流道与分流道，并且使流道中的熔体压力上升，形成一定的充模势能。对于分流道截面积较大的模具，注射压力及注射速度可设置地低些；反之，对于分流道截面积较小的模具，可设置地高些。

② 2 段的注射速度与注射压力

当熔料充满流道、分流道，冲破浇口（小截面积）的阻力开始充模时，所需要的注射速度可偏低些，克服不良的浇注纹及流动状态。在这一段可减小注射速度，而注射压力减幅较小，对于浇口截面积较大的可以不减小注射压力。

③ 3 段的注射速度与注射压力

如图 2-41 所示，3 段对应注射 3 区部分，3 区是注塑件的主体部分，此时熔体已完全充满型腔。为了实现扩散状态的理想形式，需要增速充模，因而在这一段需要注塑机提供较高的注射压力与注射速度。同时这一区段也是熔体流向转折点的区段，熔体的流动阻力增大，压力损失较多，也需要补偿。一般说来，多级注射在这一区段均实施高速高压。

④ 4 段的注射速度与注射压力

从图 2-41 所示的对应关系判断，当熔体到达 4 区时，制件壁厚可变或不变化。熔体已基本充满型腔。由于熔体在 3 区获得了高压高速，因而在此阶段可进行缓冲，以实现熔体在型腔内的流动线速度在各部位近似一致。一般的设计原则是，进入 4 区时，若壁厚增大，则可减速减压；若壁厚减小，则可减速不减压，或者可不减速而适当减压或不减压。总之，在 4 段既要使注射体现多级控制的特点又要使型腔压力快速增大。

🔖 图形说明

图 2-42 所示是根据工艺条件设置的不同速度，对注射螺杆进行多级速度转换（切换）的一个案例。

图 2-43 所示是基于对制品几何形状分析的基础上选择的多级注射成型工艺：由于制品的型腔较深而壁又较薄，使模具型腔形成长而窄的流道，熔体流经这个部位时必须很快

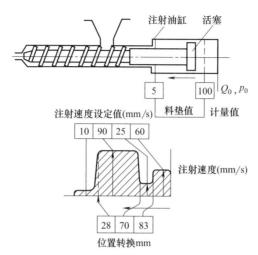

图 2-42　注射速度设定示例（一）

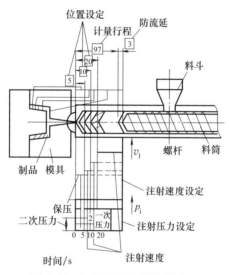

图 2-43　注射速度设定示例（二）

地通过，否则易冷却凝固，会导致充不满模腔的情况，在此应设定高速注射。但是高速注射会给熔体带来很大的动能，熔体流到底时会产生很大的惯性冲击，导致能量损失和溢边现象，这时须使熔体减缓流速，降低充模压力而要维持通常所说的保压压力（二次压力，后续压力）使熔体在浇口凝固之前向模腔内补充熔体的收缩，这就对注塑过程提出了多级注射速度与压力的要求。图中所示的螺杆计量行程是根据制品用料量与缓冲量来设定的。注射螺杆从位置"97"到"20"是充填制品的薄壁部分，在此阶段设定高速值为"10"，其目的是高速充模可防止因熔体散热时间长而流动终止；当螺杆从位置"20"到"15"再到"2"时，又设定相应的低速值为"5"，其目的是减少熔体流速及其冲击模具的动能。当螺杆在"97""20""5"的位置时，设定较高的一次注射压力以克服充模阻力；从"5"到"2"时又设定了较低的二次注射压力，以便减小动能冲击。

特别注意：多级注射成型工艺是目前注射成型技术中较为先进的注射成型技术。

在多级注射成型工艺的研究中，对于注射中螺杆行程分段的确定较为精确，而在各段注射压力及注射速度的选择上经验性较强。一般的经验方法只能确定各段选用的注射压力及注射速度的段间对应关系，通常的做法是依据各段对应于注塑件各部位的截面积比例，在设计好多级注射成型工艺之后，需要通过多次试验反复修正，使选择的注射压力与注射速度达到最佳值。

2.5 塑件的后期处理

2.5.1 退火处理

相关理论

由于塑化不均匀或塑料在型腔中的结晶、定向和冷却不均匀，造成塑件各部分收缩不一致，或由于金属嵌件的影响和塑件的二次加工不当等原因，塑件内部不可避免地存在一些内应力。而内应力的存在往往导致塑件在使用过程中产生变形或开裂，因此塑件常需要退火处理消除残余应力。

退火的方法是把塑件放在一定温度的烘箱中或液体介质（如水、矿物油、甘油、乙二醇和液体石蜡等）中一段时间，然后缓慢冷却至室温。利用退火时的热量，加速塑料中大分子松弛，从而消除或降低塑件成型后的残余应力。

退火的温度一般控制在高于塑件的使用温度 $10\sim20℃$ 或低于塑料热变形温度 $10\sim20℃$，温度不宜过高，否则塑件会产生翘曲变形；温度也不宜过低，否则达不到后处理的目的。

经验总结

退火的时间取决于塑料品种、加热介质的温度、塑件的形状和壁厚、塑件精度要求等因素。表 2-6 所示为常用热塑性塑料的热处理条件。

■ 表 2-6　常用热塑性塑料的热处理条件

塑料名称	热处理温度/℃	时间/h	热处理方式
ABS	70	4	烘箱
聚碳酸酯	110～135	4～8	红外线加热、烘箱
	100～110	8～12	
聚甲醛	140～145	4	红外线加热、烘箱
聚酰胺	100～110	4	盐水
聚甲基丙烯酸甲酯	70	4	红外线加热、烘箱
聚砜	110～130	4～8	红外线加热、烘箱、甘油
聚对苯二甲酸丁二（醇）酯	120	1～2	烘箱

2.5.2 调湿处理

将刚脱模的塑件（聚酰胺类）放在热水中隔绝空气，防止氧化，消除内应力，以加速达到吸湿平衡，稳定其尺寸，称为调湿处理。如聚酰胺类塑件脱模时，在高温下接触空气容易氧化变色，在空气中使用或存放又容易吸水而膨胀，经过调湿处理，既隔绝了空气，又使塑件快速达到吸湿平衡状态，使塑件尺寸稳定下来。

 经验总结

　　经过调湿处理，还可以改善塑件的韧度，使冲击韧度和抗拉强度有所提高。调湿处理的温度一般为 $100\sim120℃$，热变形温度高的塑料品种取上限；反之，则取下限。

　　调湿处理的时间取决于塑料的品种、塑件形状、壁厚和结晶度大小。达到调湿处理时间后，缓慢冷却至室温。

注塑产品常见缺陷及解决方法

3.1 注塑产品常见缺陷及解决方法

3.1.1 缺料（欠注）及解决方法

缺料又称欠注、短射、充填不足等，是指塑料熔体进入型腔后未能完全充满模具的成型空间，如图 3-1～图 3-3 所示。

(a) 示意图

(b) 实物图（一）

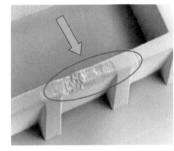

(c) 实物图（二）

图 3-1　缺料现象（一）

(a) 缺陷品

(b) 合格品

图 3-2　缺料现象（二）

缺料缺陷的原因与解决方法：

① 设备选型不当。在选用注塑设备时，注塑机的最大注射量必须大于塑件重量。在校核时，所需的注射总量（包括塑件、流道凝料）不能超出注射机塑化量的85％。

② 供料不足。即注塑机料斗的加料口底部可能有"架桥"现象，解决的方法是适当增加螺杆的注射行程，以增加供料量。

③ 原料流动性能太差。应设法改善模具浇注系统的滞流缺陷，如合理

图 3-3 缺料现象（三）

设置流道位置、扩大浇口、流道等的尺寸以及采用较大的喷嘴等。同时，可在原料配方中增加适量助剂，以改善塑料的流动性能。

④ 润滑剂超量。应减少润滑剂用量或调整料筒与螺杆间隙。

⑤ 冷料杂质阻塞流道。应将喷嘴拆卸清理或扩大模具冷料穴和流道的截面。

⑥ 浇注系统设计不合理。设计浇注系统时，要注意浇口平衡，各型腔内塑件的重量要与浇口大小成正比，以保证各型腔能同时充满；浇口位置要选择在厚壁部位，也可采用分流道平衡布置的设计方案。如果浇口或流道小、薄、长，则熔体的压力在流动过程中沿程损失会非常大，流动受阻，容易产生充填不良的现象，如图 3-4 所示。对此，应扩大流道截面和浇口面积，必要时可采用多点进料的方法。

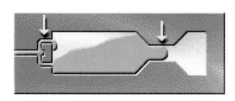

图 3-4 流道过小导致熔体提早凝固

⑦ 模具排气不良，如图 3-5 所示。应检查有无冷料穴，或冷料穴的位置是否正确。对于型腔较深的模具，应在欠注部位增设排气沟槽或排气孔，在合理的分型面上，可开设深度为 $0.02\sim0.04$mm、宽度为 $5\sim10$mm 的排气槽，排气孔应设置在型腔的最终充填处。此外，使用水分及易挥发物含量超标的原料时也会产生大量气体，导致模具排气不良，此时应对原料进行干燥及清除易挥发物。在注塑成型工艺方面，可通过提高模具温度、降低注射速度、减小浇注系统流动阻力以及减小合模力、加大模具间隙等辅助措施改善排气不良现象。

⑧ 模具温度太低。对此，开机前必须将模具预热至工艺要求的温度。刚开机时，应适当控制模具内冷却水的通过量，如果模具温度升不上去，则应检查模具冷却系统的设计是否合理。

⑨ 熔体温度太低。在适当的成型范围内，熔体温度与充模流程接近于正比例关系，低温熔体的流动性能下降，充模流程将缩短。同时，应注

图 3-5 困气导致熔体流动受阻

意将料筒加热到仪表温度后还需恒温一段时间才能开机，在此过程中，为了防止熔体分解不得不采取低温注射时，可适当延长注射时间，以克服可能出现的欠注缺陷。

⑩ 喷嘴温度太低。对此，在开模时应使喷嘴与模具分开，以减少模具对喷嘴温度的影响，使喷嘴处的温度保持在工艺要求的范围内。

⑪ 注射压力或保压不足。注射压力与充模流程接近于正比例关系，若注射压力太小，则充模流程会变短，导致型腔充填不满。对此，可通过减慢螺杆前进速度、适当延长注射时间等办法来提高注射压力。

⑫ 注射速度太慢。注射速度与熔体充模速度直接相关，如果注射速度太慢，熔体充模缓慢，则低速流动的熔体很容易冷却，从而使熔体流动性能进一步下降而产生欠注现象。对此，应适当提高注射速度。

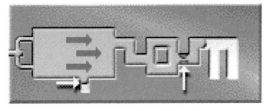

图 3-6　流程过长而产生欠注

⑬ 塑件结构设计不合理。如图 3-6 所示，当塑件的宽度与其厚度比例过大或形状十分复杂且成型面积很大时，熔体很容易在塑件薄壁部位的入口处流动受阻，致使型腔很难充满而产生欠注缺陷。因此，在设计塑件的形状和结构时，应注意塑件厚度与熔体极限充模长度的关系。经验表明，注塑成型的塑件，壁厚大都为 1～3mm，大型塑件的壁厚为 3～6mm，塑件厚度超过 8mm 或小于 0.5mm 都对注塑成型不利，设计时应避免采用这样的厚度。

　知识拓展

迟滞效应

迟滞效应也叫滞流，如图 3-7 所示，是指在距离浇口比较近的位置，或者在垂直于流动方向的位置有一个比较薄的结构，如加强筋、转接角部位等，那么在注塑过程中，熔体经过该位置时将会遇到比较大的前进阻力，而在其主体的流动方向上由于流动畅通而无法形成流动压力，只有当熔体在主体方向充填完成或进入保压时，才会形成足够的流动压力对滞流部位进行充填，而此时，由于该位置很薄，且熔体不再流动

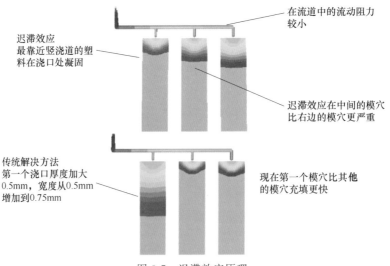

在流道中的流动阻力较小

迟滞效应最靠近竖浇道的塑料在浇口处凝固

迟滞效应在中间的模穴比右边的模穴更严重

传统解决方法第一个浇口厚度加大 0.5mm，宽度从 0.5mm 增加到 0.75mm

现在第一个模穴比其他的模穴充填更快

图 3-7　迟滞效应原理

没有热量补充而提前固化，从而造成欠注。材料中 PC/ABS 和 ABS/PVC 的合成非常容易出现这种现象。

解决滞流效应导致的欠注问题的措施有：

① 增加滞流效应部位的厚度，塑件厚度差异不要太大，但该措施的缺点是容易引起缩痕。

② 改变浇口位置，使该部位成为熔体充填的末端而形成足够的压力。

③ 注塑时首先降低速度和压力，使充填初期就在料流前锋形成较厚的固化层，人为增加熔体压力，这一方法是较为常用的措施。

④ 采用流动性好的塑料原料。

归纳总结

注塑过程中出现制品缺料的原因及改善方法如表 3-1 所示。

■ 表 3-1　缺料原因及改善方法

原 因 分 析	改 善 方 法
①熔料温度太低	①提高料筒温度
②注射压力太低或油温过高	②提高注射压力或清理冷凝器
③熔胶量不够(注射量不足)	③增加计量行程
④注射时间太短或保压切换过早	④增加注射时间或延迟切换保压
⑤注射速度太慢	⑤加快注射速度
⑥模具温度不均	⑥重开模具运水道
⑦模具温度偏低	⑦提高模具温度
⑧模具排气不良(困气)	⑧恰当位置加适度的排气槽/针
⑨射嘴堵塞或漏胶(或发热圈烧坏)	⑨拆除/清理射嘴或重新对嘴
⑩浇口数量/位置不适,进胶不平均	⑩重新设置进浇口/或调整平衡
⑪流道/浇口太小或流道太长	⑪加大流道/浇口尺寸或缩短流道
⑫原料内润滑剂不够	⑫酌情添加润滑剂(改善流动性)
⑬螺杆止逆环(过胶圈)磨损	⑬拆下止逆环并检修或更换
⑭机器容量不够或料斗内的树脂不下料	⑭更换较大的机器或检查/改善下料情况
⑮成品胶厚不合理或太薄	⑮改善胶件的胶厚或加厚薄位
⑯熔料流动性太差(FMI 低)	⑯改用流动性较好的塑料

3.1.2　缩水及解决方法

注塑成型过程中，由于模腔某些位置未能产生足够的压力，当熔体开始冷却时，塑件上壁厚较大处的体积收缩较慢而形成拉应力，如果制品表面硬度不够，而又无熔体补充，则制品表面便被应力拉陷，这种现象称为缩水，如图 3-8 所示。

缩水现象多出现在模腔上熔体聚集的部位和制品厚壁区，如加强筋、支撑柱等与制品表面的交界处。

注塑件表面上出现缩水现象，不但影响塑件的外观，也会降低塑件的强度。缩水现象与使用的塑料种类、注塑工艺、塑件和模具结构等均有密

图 3-8　制品缩水现象

切关系。

（1）塑料原料方面

不同塑料的缩水率不同，通常容易缩水的原料大都属于结晶型塑料（如：尼龙、聚丙烯等）。在注塑过程中，结晶型塑料受热变成流动状态时，分子呈无规则排列；当被射入较冷的模腔时，塑料分子会逐步整齐排列而形成结晶，从而导致体积收缩较大，其尺寸小于规定的范围，即出现所谓的"缩水"。

（2）注塑工艺方面

在注塑工艺方面，出现缩水现象的原因有保压压力不足、注射速度太慢、模温或料温太低、保压时间不够等。因此，在设定注塑工艺参数时，必须检查成型条件是否正确及保压是否足够，以防出现缩水问题。一般而言，延长保压时间，可确保制品有充足的时间冷却和补充熔体。

（3）塑件和模具结构方面

产生缩水现象的根本原因在于塑料制品的壁厚不均，典型的例子是塑件非常容易在加强筋和支撑柱表面出现缩水现象。此外，模具的流道设计、浇口大小及冷却效果对制品的影响也很大，由于塑料的传热能力较低，距离型腔壁越远，则其凝冷却越慢，因此，该处应有足够的熔体填满型腔，这就要求注塑机的螺杆在注射或保压时，熔体不会因倒流而降低压力；另一方面，如果模具的流道过细、过长或浇口太小而冷却太快，则半凝固的熔体会阻塞流道或浇口而造成型腔压力下降，导致制品缩水。

 归纳总结

缩水的原因及改善方法如表 3-2 所示。

■ 表 3-2　缩水原因及改善方法

原 因 分 析	改 善 方 法
①模具进胶量不足	①增强熔胶注射量
a. 熔胶量不足	a. 增加熔胶计量行程
b. 注射压力不足	b. 提高注射压力
c. 保压不够或保压切换位置过早	c. 提高保压压力或延长保压时间
d. 注射时间太短	d. 延长注射时间（采用预顶出动作）
e. 注射速度太慢或太快（困气）	e. 加快注射速度或减慢注射速度
f. 浇口尺寸太小或不平衡（多模腔）	f. 加大浇口尺寸或使模具进胶平衡
g. 射嘴阻塞或发热圈烧坏	g. 拆除清理射嘴内异物或更换发热圈
h. 射嘴漏胶	h. 重新对嘴/紧固射嘴或降低背压
②料温不当（过低或过高）	②调整料温（适当）
③模温偏低或太高	③提高模温或适当降低模温
④冷却时间不够（筋/骨位脱模拉陷）	④酌情延长冷却时间
⑤缩水处模具排气不良（困气）	⑤在缩水处开设排气槽
⑥塑件骨位/柱位胶壁过厚	⑥使胶厚尽量均匀（改为气辅注塑）
⑦螺杆止逆环磨损（逆流量大）	⑦拆卸与更换止逆环（过胶圈）
⑧浇口位置不当或流程过长	⑧浇口开设于壁厚处或增加浇口数量
⑨流道过细或过长	⑨加粗主/分流道，减短流道长度

 知识拓展

不同的塑料，其缩水率是不一样的，表 3-3 所示为常见塑料的缩水率。

■ 表 3-3　常见塑料的缩水率　　　　　　　　　　　　　　　　　　　　　　　　　%

代号	原 料 名 称	缩水率	代号	原 料 名 称	缩水率
GPPS	普通级聚苯乙烯（硬胶）	0.5	CAB	乙酸丁酸纤维素（酸性胶）	0.5～0.7
HIPS	不碎级聚苯乙烯（不碎硬胶）	0.5	PET	聚对苯二甲酸乙二醇酯	2～2.5
SAN	AS 胶	0.4	PBT	聚对苯二甲酸丁二醇酯	1.5～2.0
ABS	聚丙烯腈-丁二烯-苯乙烯	0.6	PC	聚碳酸酯（防弹胶）	0.5～0.7
LDPE	低密度聚乙烯（花胶）	1.5～4.5	PMMA	亚克力（有机玻璃）	0.5～0.8
HDPE	高密度聚乙烯	2～5	PVC 硬	硬 PVC	0.1～0.5
PP	聚丙烯（百折胶）	1～4.7	PVC 软	软 PVC	1～5
PA66	尼龙 66	0.8～1.5	PU	PU 胶、乌拉坦胶	0.1～3
PA6	尼龙 6	1.0	EVA	EVA 胶（橡皮胶）	1.0
PPO	聚苯醚	0.6～0.8	PSE	聚砜	0.6～0.8
POM	聚甲醛（赛钢、特灵）	1.5～2.0			

3.1.3　鼓包及解决方法

制品脱模后在某些特定的位置出现了局部体积变大、膨胀的现象，如图 3-9 所示。

经验总结

塑件鼓包是因为未完全冷却硬化的塑料在内压的作用下释放气体，导致塑件膨胀引起的。因此，该缺陷的改善措施有如下这些：

① 有效的冷却。方法是降低模温，延长开模时间，降低塑料的干燥与塑化温度。

② 降低充模速度，减少成形周期，减少流动阻力。

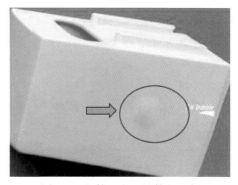

图 3-9　塑件上出现的鼓包现象

③ 提高保压压力和延长保压时间。

④ 改进塑件结构，避免塑件上出现局部太厚或厚薄变化过大的状况。

⑤ 塑件的结构设计方面：减少厚度的不一致，尽量保证壁厚均匀；避免制件尖角结构，避免困气。

⑥ 模具设计方面：在熔体最后填充的地方增设排气槽；重新设计浇口和流道系统；保证排气口足够大，使气体有足够的时间和空间排走。

⑦ 工艺条件：降低最后一级注射速度；设置合理的模具温度，延长开模时间；优化注射压力和保压压力；减小螺杆松退量，防止松退吸入空气而带入下一模次，降低料温。

3.1.4　缩孔（真空泡）及解决方法

制品缩孔，也称真空泡或空穴，一般出现在塑件上大量熔体积聚的位置，是因熔体在冷却收缩时未能得到充分的熔体补充而引起的。如图 3-10 所示，缩孔现象常常出现在塑件的厚壁区，如加强筋或支撑柱与塑件表面的相交处。

经验总结

塑件出现缩孔的原因是熔体转为固体时，壁厚处体积收缩慢，形成拉应力，此时如果

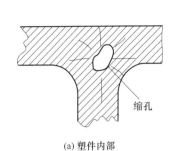

(a) 塑件内部　　　　　　　　　(b) 塑件表面

图 3-10　塑件上出现的缩孔现象

制品表面硬度不够，而又无熔体补充，则制品内部便形成空洞。塑件产生缩孔的原因与缩水相似，区别是缩水在塑件的表面凹陷，而缩孔是在内部形成空洞。缩孔通常产生在厚壁部位，主要与模具冷却快慢有关。熔体在模具内的冷却速度不同，不同位置的熔体的收缩程度就会不一样，如果模温过低，熔体表面急剧冷却，将壁厚部分内较热的熔体拉向四周表面，就会造成内部出现缩孔。

塑件出现缩孔现象会影响塑件的强度和力学性能，如果塑件是透明制品，则缩孔还会影响制品的外观。防止制品出现缩孔的重点是控制模具温度。

 归纳总结

缩孔的原因及改善方法如表 3-4 所示。

■ 表 3-4　缩孔原因及改善方法

原因分析	改善方法
①模具温度过低	①提高模具温度(使用模温机)
②成品断面、筋或柱位过厚	②改善产品的设计,尽量使壁厚均匀
③浇口尺寸太小或位置不当	③改大浇口或改变浇口位置(厚壁处)
④流道过长或太细(熔料易冷却)	④缩短流道长度或加粗流道
⑤注射压力太低或注射速度过慢	⑤提高注射压力或注射速度
⑥保压压力或保压时间不足	⑥提高保压压力,延长保压时间
⑦流道冷料穴太小或不足	⑦加大冷料穴或增开冷料穴
⑧熔料温度偏低或射胶量不足	⑧提高熔料温度或增加熔胶行程
⑨模内冷却时间太长	⑨减少模内冷却,使用热水浴冷却
⑩水浴冷却过急(水温过低)	⑩提高水温,防止水浴冷却过快
⑪背压太小(熔料密度低)	⑪适当提高背压,增大熔料密度
⑫射嘴阻塞或漏胶(发热圈会烧坏)	⑫拆除/清理射嘴或重新对嘴

3.1.5　溢边（飞边、批锋）及解决方法

塑料熔体从模具的分型面挤压并在制品边缘产生薄片的现象被称为溢边，也称飞边，俗称批锋，如图 3-11～图 3-13 所示。

溢边是注塑生产中较为严重的质量问题，如果溢边脱落并粘在模具分型面上且没有及时清理掉，后续机器直接锁模，将会严重损伤模具的分型面，该损伤部位又会导致产生新的溢边。因此，注塑过程中需特别注意是否出现溢边现象。

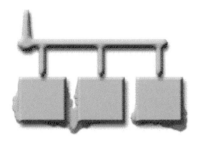
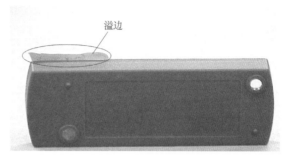

图 3-11 塑件上出现的溢边现象（一）

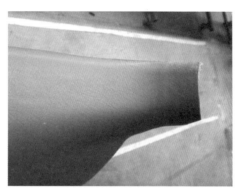

(a) 缺陷品   (b) 合格品

图 3-12 塑件上出现的溢边现象（二）

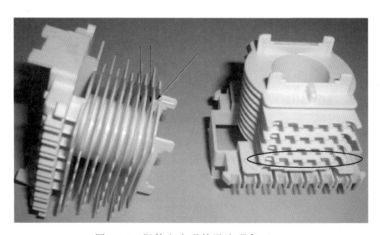

图 3-13 塑件上出现的溢边现象（三）

🔖 归纳总结

注塑生产过程中，导致溢边的原因较多，如注射压力过大、末端注射速度过快、锁模力不足、顶针孔或滑块磨损、合模面不平整（有间隙）、塑料的黏度太低（如：尼龙料）等，具体分析如表 3-5 所示。

■ 表 3-5　溢边原因及改善方法

原因分析	改善方法
①熔料温度或模温太高	①降低熔料温度及模具温度
②注射压力太高或注射速度太快	②降低注射压力或降低注射速度
③保压压力过大(胀模力大)	③降低保压压力
④合模面贴合不良或合模精度差	④检修模具或提高合模精度
⑤锁模力不够(产品周边均有披锋)	⑤加大锁模力
⑥制品投影面积过大	⑥更换锁模力较大的机器
⑦进浇口不平衡,造成局部批锋	⑦重新平衡进浇口
⑧模具变形或机板变形(机铰式机)	⑧模具加装撑头或加大模具硬度
⑨保压切换(位置)过迟	⑨提早从注射转换到保压的位置
⑩模具材质差或易磨损	⑩选择更好的钢材并进行热处理
⑪塑料的黏度太低(如:PA、PP料)	⑪改用黏度较大的塑料或加填充剂
⑫合模面有异物或机铰磨损	⑫清理模面异物或检修/更换机铰

3.1.6　熔接痕及解决方法

在塑料熔体充填模具型腔时,如果两股或多股熔体在相遇时前锋部分熔体的温度没有完全相同,则这些熔体无法完全熔合,在汇合处会产生线性凹槽,从而形成熔接痕,如图3-14～图3-16所示。

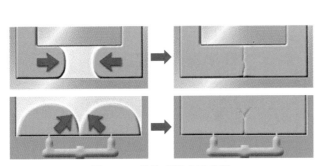

图 3-14　熔接痕形成示意图

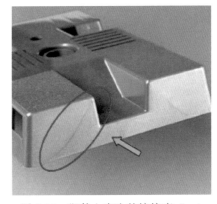

图 3-15　塑件上产生的熔接痕（一）

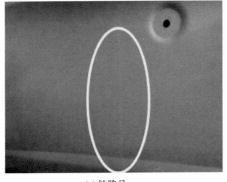

(a) 缺陷品

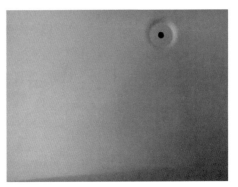

(b) 合格品

图 3-16　塑件上产生的熔接痕（二）

熔接痕的产生原因与解决方法如下。

(1) 熔体温度太低

低温熔体的分流汇合性能较差，容易形成熔接痕。当塑件的内外表面在同一部位产生熔接细纹时，往往是由于料温太低引起的熔接不良。对此，可适当提高料筒及喷嘴的温度，或者延长注射周期，促使料温上升。同时，应控制模具内冷却水的通过量，适当提高模具温度。一般情况下，塑件熔接痕处的强度较差，如果对模具中产生熔接痕的相应部位进行局部加热，提高成型件熔接部位的局部温度，则往往可以提高塑件熔接处的强度。如果由于特殊需要，必须采用低温成型工艺时，则可适当提高注射速度及注射压力，从而改善熔体的汇合性能；也可在原料配方中适当增用少量润滑剂，提高熔体的流动性能。

(2) 浇口位置不合理

如图 3-17 所示，应尽量采用分流少的浇口形式并合理选择浇口位置，尽量避免充模速率不一致及充模料流中断。在可能的条件下，应选用单点进料。为了防止低温熔体注入模腔产生熔接痕，可在提高模具温度的同时，在模具内设置冷料穴。

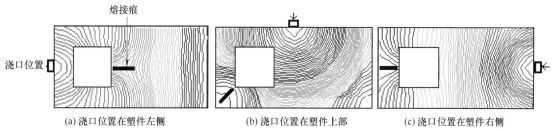

(a) 浇口位置在塑件左侧　　　(b) 浇口位置在塑件上部　　　(c) 浇口位置在塑件右侧

图 3-17　改变浇口位置对熔接痕的影响

(3) 模具排气不良

此时，首先应检查模具排气孔是否被熔体的固化物或其他物体阻塞，浇口处有无异物。如果阻塞物清除后仍出现炭化点，则应在模具汇料点处增加排气孔，也可通过重新定位浇口，或适当降低合模力，增大排气间隙来加速汇料合流。在注塑工艺方面，可采取降低料温及模具温度、缩短高压注射时间、降低注射压力等辅助措施。

(4) 脱模剂使用不当

在注塑成型中，一般只在螺纹等不易脱模的部位才均匀地涂抹少量脱模剂，原则上应尽量减少脱模剂的用量。

(5) 塑件结构设计不合理

如果塑件壁厚设计的太薄或厚薄悬殊或嵌件太多，都会引起熔体的熔接不良，如图

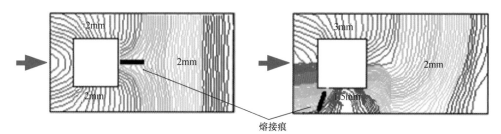

图 3-18　塑件壁厚对熔接痕的影响示例

3-18 所示。在设计塑件形状和结构时，应确保塑件的最薄部位必须大于成型时允许的最小壁厚。此外，应尽量减少嵌件的使用且壁厚尽可能趋于一致。

(6) 其他原因

如：使用的塑料原料中水分或易挥发物含量太高，模具中的油渍未清除干净，模腔中有冷料或熔体内的纤维填料分布不均，模具冷却系统设计不合理，熔体冷却太快，嵌件温度太低，喷嘴孔太小，注射机塑化能力不够，柱塞或注射机料筒中压力损失大等，都可能导致不同程度的熔体汇合不良而出现熔接痕迹，如图 3-19 所示。因此，在生产过程中，应针对不同情况，分别针对性地采取原料干燥、定期清理模具、改变模具冷却水道的大小和位置、控制冷却水的流量、提高嵌件温度、换用较大孔径的喷嘴、改用较大规格的注射机等措施予以解决。

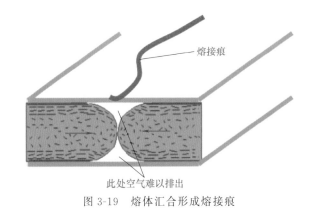

图 3-19　熔体汇合形成熔接痕

📚 **实际案例** ‹‹‹

某中型塑件，其流道和浇口系统如图 3-20 所示，由于注塑中形成了 4 股熔体料流且料流在流动过程中受模具特征影响而发生翻滚，导致各自的温度不再一致，汇合后在塑件表面形成了 2 条明显的熔接痕。

注塑成型过程中，熔接痕出现后的另外一个伴随问题是熔接痕（熔接线）两侧的色差

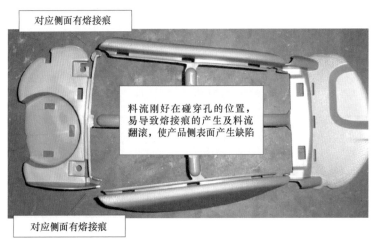

图 3-20　缺陷产品

问题。事实上，熔接线不可怕，可怕的是熔接线两侧的颜色不一致，光泽的差异太大，从而使熔接线更加清晰，如图 3-21 所示。在实际的成型过程中，经常遇到制件的表面在熔接线两侧出现光泽、颜色鲜艳度、色泽有明显的区别，该差别将进一步使熔接痕的缺陷放大。

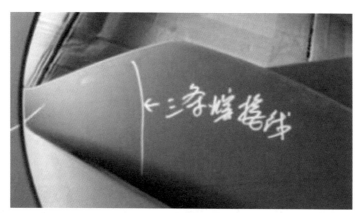

图 3-21　熔接痕两侧色差大

造成熔接痕两侧色差的原因有以下几点：

① 从喷嘴到熔接痕产生处的料流的路径长度差异大。

② 熔体在流道或者型腔内的流速差异大。

③ 熔体在熔接痕处汇合时的排气不通畅。

④ 熔体流动方向的差异对分子链取向、填充物分布、色粉分布等造成较大的差异。

⑤ 对于多浇口成型的塑件，浇口尺寸差异影响剪切热多少的差异。

⑥ 模具温度过低。

⑦ 充填时熔体流动速率过慢。

可以通过模流分析预测熔接痕两侧的色差，举例如下。

图 3-22 是一汽车车门内饰板在注塑成型时熔体流动前锋（前沿）的温度分布图，从中可以发现，该塑件共开设有 3 个浇口。注塑时，通过上侧两个浇口进入的熔体与通过下侧浇口进入的熔体在中部汇合，汇合位置两侧存在明显的温度差，该温度差高达 8～14℃。该温度差过大，虽然两侧的熔体以较高的温度进行熔接，熔接线强度问题不大，但是却导致熔接位置两侧的光泽差异明显，而使熔接痕清晰可见。

此外，对于温度下降较多的一侧，主要是因为熔体流动截面突然增大或者与迎面熔体截面差异过大，导致两股熔体流速差异明显，流速慢的一侧与模具的热交换多，热量损失大，温度下降大，固化层或冷料层多，流动阻力大，因此易于形成波浪状流痕。针对该类问题，如果采用的是热流道则改变浇口位置难度较大，最常用的方法是增加浇口数量。

熔接痕两侧色差大的原因主要有以下几点。

（1）熔体剪切造成的熔接痕两侧色差大

在实际生产中，如果注塑成型一些含有弹性体的塑料，则往往会发现在熔接线一侧发白，另一侧则非常光亮，如图 3-23 所示，特别是某些高光型的塑件，如高光 ABS 最为明显。有时候 HIPS、增韧高光 PP 等也有类似现象。

采取欠注注塑成型来分析该缺陷现象的原因。注塑时，设法让两股熔体没有相遇，而

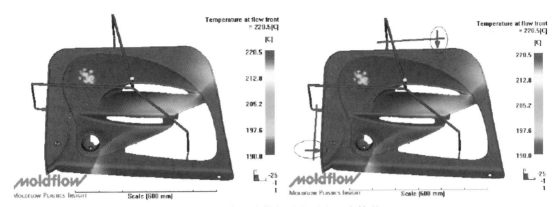

图 3-22　车门内饰板注塑过程温度情况

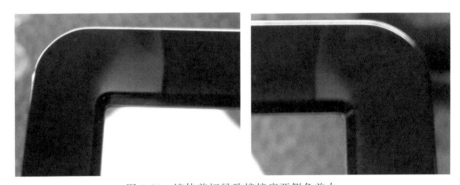

图 3-23　熔体剪切导致熔接痕两侧色差大

且相距很远，则往往成型后的塑件某些地方也有发白的现象，而另一处则很光亮。

进一步试验，有如下现象：

① 采用蒸汽冷热成型的塑件不会出现这类发白现象。

② 边框很宽的塑件不会出现这类发白现象。

③ 如果动模不接冷水，注射两个小时后，这类现象逐渐消失。

④ 动模温度低的时候，特别是有冷却水的时候，这类现象非常严重。

⑤ 发白总是出现在熔体流经塑件转角的位置之后，如果熔体不转角度，则外观十分光亮。

⑥ 如果熔接线正好调整到转角的位置而且呈 45°，则没有发白，但是考虑到装配强度，不允许这种熔接线位置出现。

为此，采取如下方式：给动模也加热，提高到 70° 以上；通过工艺调整，在熔体通过转角的位置时把速度迅速降低。结果是，非常好地消除了发白的现象。分析该现象，其原因如下：由于模温低，而且流经通道很窄，导致熔体前沿温度下降很快，固化层较厚，该固化层一旦因制件结构发生较大转向，就会受到很大的剪切力，其再对高温态的固化层进行拉扯，从而产生应力剪切而发白；该发白现象本质上是很多微细银纹造成的。

(2) 模温过低造成的熔接痕两侧色差大

注塑成型时，由于不同的浇口在模具中充填的区域大小有很大差异，从而导致来自不同浇口的熔体相遇时，熔体流动的速度差异较大，此时如果模温过低，则导致流速慢的熔体前沿降温过大，造成前沿固化层的冷胶过多，固化层被积压或者推拉产生雾痕，因此塑

件的两侧会产生很大的色差，如图
3-24 所示。

(3) 熔体流经过窄的通道后造成熔接痕两侧色差大

熔体在型腔内流动时，由于格栅或者狭长流动空间存在，导致流经该部分的熔体有更充分的冷却，导致温差明显，当该部分熔体与其他方向熔体汇合后的熔痕，就会出现严重色差。如图 3-25 所示，该塑件出现两条色差。

图 3-24　模温过低造成熔接痕两侧色差大

图 3-25　熔接痕两侧色差大

图 3-26　车门内饰板熔接痕的两侧色差大

(4) 混色造成熔接痕两侧色差大

如图 3-26 所示，该车门内饰板熔接痕两侧出现严重的色差，究其原因，是由于成型该塑件前，注塑机成型了熔融指数（MI）更低、黏度更大的黑色料，无法用流动性好的塑料彻底清洗机器，一直无法消除熔接痕两侧的色差。后来采用另一款黏度更大的米黄色材料后，才将机器清洗干净，更换回正式材料后，色差消失。

(5) 排气不畅造成熔接痕色差大

如图 3-27 所示的车门内饰板，该塑件原设计采用 3 个侧浇口，但是由于在边框两侧出现了两个熔接线就将上面的浇口封死了，但是却导致圆圈部位熔接线非常清晰，后来通过增加排气和溢料槽，取得了良好的效果。

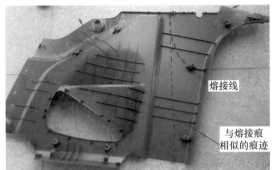

图 3-27　车门内饰板照片

(6) 浇口充填区域差异大造成熔接痕色差

图 3-28、图 3-29 为某型号车门内饰板模流分析图。从分析结果可以看出，塑件的中

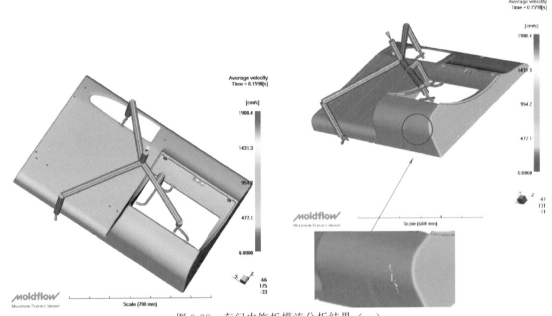

图 3-28　车门内饰板模流分析结果（一）

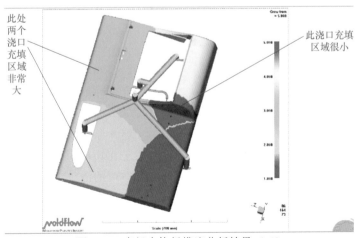

图 3-29　车门内饰板模流分析结果（二）

间部分比较容易先充满，两侧熔体还在流动，结果是塑件表面将产生明显的熔接痕（动静分界线），并导致色粉沉淀，从而造成混色现象。

 归纳总结

塑件产生熔接痕的原因及改善方法如表 3-6 所示。

■ 表 3-6 熔接痕产生的原因及改善方法

原因分析	改善方法
①原料熔融不佳或干燥不充分	① a. 提高料筒温度 b. 提高背压 c. 加快螺杆转速 d. 充分干燥原料
②模具温度过低	②提高模具温度(蒸汽模可改善夹水纹)
③注射速度太慢	③增加注射速度(顺序注塑技术可改善之)
④注射压力太低	④提高注射压力
⑤原料不纯或掺有杂料	⑤检查或更换原料
⑥脱模剂太多	⑥少用脱模剂(尽量不用)
⑦流道及进浇口过小或浇口位置不适当	⑦增大浇道及进浇口尺寸或改变浇口的位置
⑧模具内空气排除不良(困气)	⑧ a. 在产生夹水纹的位置增大排气槽 b. 检查排气槽是否堵塞或用抽真空注塑
⑨主、分流道过细或过长	⑨加粗主、分流道尺寸(加快一段速度)
⑩冷料穴太小	⑩加大冷料穴或在夹水纹部位开设溢料槽

3.1.7 气泡（气穴）及解决方法

在塑料熔体充填型腔时，多股熔体前锋包裹形成的空穴或者熔体充填末端由于气体无法排出导致气体被熔体包裹，其结果就是在塑件上形成了气泡，也称气穴，如图 3-30 所示。

气泡与鼓包、真空泡（缩孔）不相同，气泡是指塑件内存在的细小气泡；而真空泡是排空了气体的空洞，是熔体冷却定型时，收缩不均而产生的空穴，穴内并没有气体存在。注塑成型过程中，如果材料未充分干燥、注射速度过快、熔体中夹有空气、模具排气不良、塑料的热稳定性差，塑件内部就可能出现细小的气泡（透明塑件可以看到，如图3-31所示）。塑件内部有细小气泡时，塑件表面往往会伴随有银纹（料花）现象，透明件的气泡会影响外观质量，同时也对塑件材质造成不良影响，会降低塑件的强度。

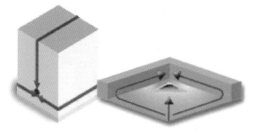

图 3-30　气泡形成示意图

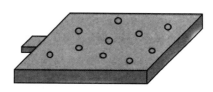

图 3-31　透明塑件内出现的气泡

气泡产生的主要原因是：流动的熔体因为塑件结构或模具设计上的各种阻碍，被分流前进，并在一定位置相遇，导致气体被困入型腔内，如果不及时排除，或者气体不断产生，就会导致困气的地方无法充满，或者烧焦而出现欠注。

气泡产生的因素如表 3-7 所示。

■ 表 3-7 气泡产生的因素分析表

注塑工艺	①注射速度过快 ②熔体温度过高 ③螺杆松退过大	注塑设备	①螺杆剪切太强 ②温控精度差
模具设计	①浇口数量或位置不当 ②排气针或者顶杆过少	材料方面	①材料流动性差 ②材料有耐热性差的成分或者水分 ③材料结晶速度快,致使流动前沿提前固化
制件结构	①壁厚差异大 ②结构起伏大,有台阶或曲面起伏剧烈 ③太多孔或者网格		

 归纳总结

塑件出现气泡的原因及改善方法如表 3-8 所示。

■ 表 3-8 产生气泡的原因及改善方法

原 因 分 析	改 善 方 法
①背压偏低或熔料温度过高	①提升背压或降低料温
②原料未充分干燥	②充分干燥原料
③螺杆转速或注射速度过快	③降低螺杆转速或注射速度
④模具排气不良	④增加或加大排气槽,改善排气效果
⑤残量过多,熔料在料筒内停留时间过长	⑤减少料筒内熔料残留量
⑥浇口尺寸过大或形状不适	⑥减小浇口尺寸或改变浇口形状,让气体滞留在流道内
⑦塑料或色粉的热稳定性差	⑦改用热稳定性较好的塑料或色粉
⑧熔胶筒内的熔胶夹有空气	⑧降低下料口段的温度,改善脱气情况

实际案例 ◀◀◀

图 3-32 所示的塑件上有若干格栅孔，格栅孔上的模具会对熔体的流动产生很大的流动阻力，导致熔体包流，造成困气，这是由浇口位置和塑件结构造成的困气缺陷。解决该缺陷的措施是利用顺序阀控制熔体的充填顺序，从而避免熔体产生的困气现象。

图 3-32 熔体包流造成困气的缺陷

3.1.8　翘曲（变形）及解决方法

翘曲指的是塑件的形状与图纸的要求不一致，如图 3-33～图 3-35 所示，也称变形。翘曲通常是因塑件的不均匀收缩而引起的，但不包括脱模时造成的变形。

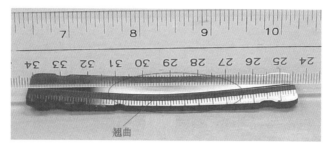

图 3-33　翘曲现象（一）

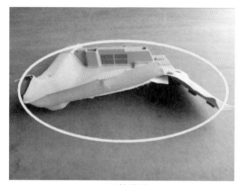

(a) 缺陷品

(b) 合格品

图 3-34　翘曲现象（二）

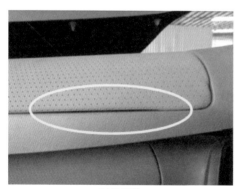

(a) 缺陷品

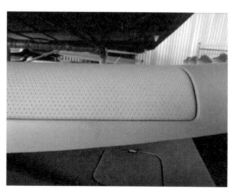

(b) 合格品

图 3-35　翘曲现象（三）

导致塑件成型后翘曲的原因及相应的解决方法有以下几点。

① 分子取向不均衡，如图 3-36 所示。为了尽量减少由于分子取向差异产生的翘曲变形，应创造条件减少流动取向或减少取向应力，有效的方法是降低熔体温度和模具温度，在采用这一方法时，最好与塑件的热处理结合起来，否则，减小分子取向差异的效果往往

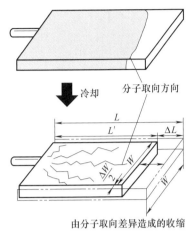

图 3-36　分子取向不均衡
导致塑件翘曲

是短暂的。热处理的方法是：塑件脱模后将其置于较高温度下保持一定时间再缓冷至室温，即可大量消除塑件内的取向应力。

②　冷却不当。塑件在成型过程中冷却不当极易产生变形现象，如图 3-37 所示。设计塑件结构时，各部位的断面厚度应尽量一致。塑件在模具内必须保持足够的冷却定型时间。对于模具冷却系统的设计，应注意将冷却管道设置在温度容易升高、热量比较集中的部位，对于那些比较容易冷却的部位，应尽量进行缓冷，以使塑件各部分的冷却均衡。

③　模具浇注系统设计不合理。在确定浇口位置时，不应使熔体直接冲击型芯，应使型芯两侧受力均匀；对于面积较大的矩形或扁平塑件，当采用分子取向及收缩大的塑料原料时，应采用薄膜式浇口或多点式浇口，尽量不要采用侧浇口；对于环形塑件，应采用盘形浇口或轮辐式浇口，尽量不要采用侧浇口或点浇口；对于壳形塑件，应采用直浇口，尽量不要采用侧浇口。

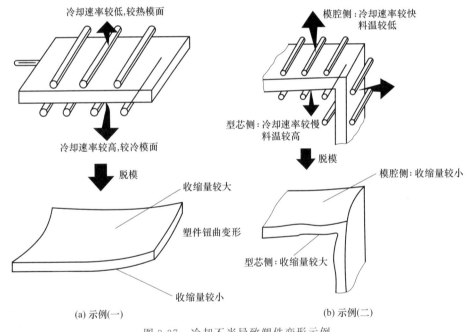

(a) 示例(一)　　　　　　　　　(b) 示例(二)

图 3-37　冷却不当导致塑件变形示例

④　模具脱模及排气系统设计不合理。在模具设计方面，应合理设计脱模斜度、顶杆位置和数量，提高模具的强度和定位精度；对于中小型模具，可根据翘曲规律来设计和制造反翘模具。在模具操作方面，应适当减慢顶出速度或顶出行程。

⑤　工艺设置不当。具体的表现有：模具、机筒温度太高；注射压力太高或注射速度太快；保压时间太长或冷却时间太短。应针对具体情况，分别调整对应的工艺参数。

⑥　塑件结构不合理，如：壁厚不均，变化突然或壁厚过小；制品结构造型不合理，没有加强结构来约束变形。

⑦ 原料方面：酞氰系颜料会影响聚乙烯的结晶度而导致制品变形；采用增强加粉体填充共同作用，可以有效减少塑件的变形程度。

归纳总结

塑件翘曲的原因及改善方法如表 3-9 所示。

■ 表 3-9 翘曲的原因及改善方法

原因分析	改善方法
①成品顶出时尚未冷却定形	① a. 降低模具温度 b. 延长冷却时间 c. 降低原料温度
②成品形状及厚薄不对称	② a. 脱模后用定形架（夹具）固定 b. 变更成品设计
③填料过饱形成内应力	③减少保压压力、保压时间
④多浇口进料不平均	④更改进浇口（使其进料平衡）
⑤顶出系统不平衡	⑤改善顶出系统或改变顶出方式
⑥模具温度不均匀	⑥改善模温使之各局部温度合适
⑦胶件局部粘模	⑦检修模具，改善粘模
⑧注射压力或保压压力太高	⑧减小注射压力或保压压力
⑨注射量不足导致收缩变形	⑨增加射胶量，提高背压
⑩前后模温不适（温差大或不合理）	⑩调整前后模温差
⑪塑料收缩率各向异性较大	⑪改用收缩率各向异性小的塑料
⑫取货方式或包装方式不当	⑫改善包装方式，增强保护能力

知识拓展 ┈┈┈┈┈┈┈┈┈┈┈┈┈┈┈┈┈┈┈┈┈┈┈┈┈┈┈┈┈┈┈┈┈┈┈┈┈┈

盒状塑件翘曲缺陷的解决方法

如图 3-38 所示，该塑件的模具在四角采用串接的冷却管道来加强模具的冷却。同时，在动模镶块的四个转角处，采用热传导系数高的金属（如铍铜合金）镶件，以增加长方体模具内角的冷却效率，平衡内外角的热量传导，从而让塑件收缩均匀。

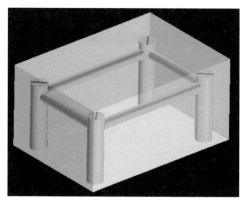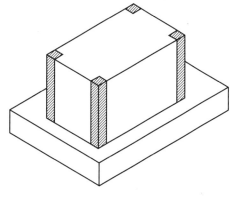

图 3-38 矩形型芯

实际生产中，铍铜合金的厚度一般为塑件平均壁厚的 3～4 倍即可，如果铍铜合金的镶件与模具本体焊接有困难，则只需固定镶件的底部即可，如图 3-39 所示，铍铜合金和钢的间隙会因为铍铜的热膨胀而消失。

图 3-39　34in 电视机边框的注塑模具

3.1.9　收缩痕及解决方法

收缩痕是指塑件中在壁厚差别较大的特征分界位置，由于两处特征厚度收缩不均匀而产生的明显痕迹，如图 3-40 所示。

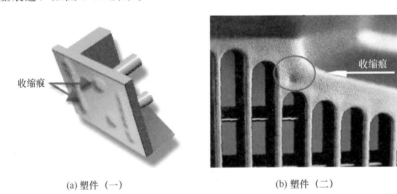

(a) 塑件（一）　　　　　　　　　　(b) 塑件（二）

图 3-40　塑件上的收缩痕

塑件产生收缩痕的原因及相应的解决方法有以下几点。

① 成型工艺控制不当。对此，应适当提高注射压力及注射速度，增加熔料的压缩密度，延长注射和保压时间，补偿熔体的收缩，增加注射缓冲量。但保压不能太高，否则会引起凸痕。如果凹陷和缩痕发生在浇口附近时，则可以通过延长保压时间来解决；当塑件在壁厚处产生凹陷时，应适当延长塑件在模内的冷却时间；如果嵌件周围由于熔体局部收缩引起凹陷及缩痕，这主要是由于嵌件的温度太低造成的，应设法提高嵌件的温度；如果由于供料不足引起塑件表面凹陷，则应增加供料量。此外，塑件在模内的冷却必须充分。

② 模具缺陷。对此，应结合具体情况，适当扩大浇口及流道截面，浇口位置尽量设置在对称处，进料口应设置在塑件厚壁的部位。如果凹陷和缩痕发生在远离浇口处，则原因一般是模具结构中某一部位熔体流动不畅，妨碍压力传递。对此，应适当扩大模具浇注系统的结构尺寸，最好让流道延伸到产生凹陷的部位。对于壁厚塑件，应优先采用翼式浇口。

③ 原料不符合成型要求。对于表面要求比较高的塑件，应尽量采用低收缩率的塑料，也可在原料中增加适量润滑剂。

④ 塑件形状结构设计不合理。设计塑件形状结构时，壁厚应尽量一致。如果塑件的壁厚差异较大，则可通过调整浇注系统的结构参数或改变壁厚分布来解决，如图 3-41 所示。

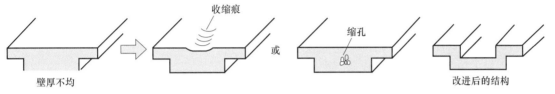

图 3-41　改变壁厚减小收缩痕示意图

3.1.10　银纹（银丝、料花）及解决方法

如图 3-42 所示，在塑件表面沿着熔体流动方向形成的喷溅状线条被称为银纹，也叫银丝或料花。

(a) 银纹现象（一）　　　　(b) 银纹现象（二）　　　　(c) 银纹现象（三）

图 3-42　塑件上产生的银纹现象

银纹的产生，一般是由于注射时螺杆启动过快，使熔体及模腔中的空气无法排出，空气混杂在熔体内，致使塑件表面产生了银色丝状纹路。银纹不但影响塑件外观，而且使塑件的强度降低许多。银纹的形成主要是由于塑料熔体中含有气体，查找这些气体产生的根源即可找出解决缺陷的方法，相应的原因及解决的方法主要有以下几点。

(1) 塑料本身含有水分或油剂

由于塑料在制造过程时暴露于空气中，吸入水分/油剂或者在混料时掺入了错误的比例成分，使这些挥发性物质在熔胶时受高温而变成气体。

(2) 熔体受热分解

如果熔体筒温度、背压及熔体速度调得太高，或成型周期太长，则对热敏感的塑料（如 PVC、赛钢及 PC 等）容易因高温受热分解产生气体。

（3）空气

塑料颗粒与颗粒之间均含有空气，如果熔体筒在近料斗处的温度调得很高，使塑料粒的表面在未压缩前便熔化而粘在一起，则塑料粒之间的空气便不能完全排除出来（脱气不良）。

（4）**熔体塑化不良**

对此，适当提高料筒温度和延长成型周期，尽量采用内加热式注料口或加大冷料井及加长流道。

（5）**材料方面**

① 注塑前先根据原料商提供数据干燥原料。

② 提高材料的热稳定性。

③ 粉体太多，造成夹气。

④ 材料中使用的助剂稳定性差，易分解。

（6）**模具设计方面**

① 增大主流道、分流道和浇口尺寸。

② 检查是否有充足的排气位置。

③ 避免浇注系统出现比较尖锐的拐角，会造成热敏性材料高温分解。

（7）**成型工艺方面**

① 选择适当的注塑机，增大注塑机背压。

② 切换材料时，把旧料完全从料筒中清洗干净。

③ 螺杆松退时避免吸入气体。

④ 改进排气系统。

⑤ 降低熔体温度、注塑压力或注塑速度。

注塑 PVC、POM 类材料结束时，要用 ABS 或者 AS 等清洗，避免残留分解造成气体的产生。

归纳总结

塑件产生银纹的原因及改善方法如表 3-10 所示。

■ **表 3-10　银纹产生的原因及解决方法**

原 因 分 析	改 善 方 法
①原料含有水分	①原料彻底烘干（在允许含水率以内）
②料温过高（熔料分解）	②降低熔料温度
③原料中含有其他添加物（如润滑剂）	③减小其使用量或更换其他添加物
④色粉分解（色粉耐温性较差）	④选用耐温性较好的色粉
⑤注射速度过快（剪切分解或夹入空气）	⑤降低注射速度
⑥料筒内夹有空气	⑥ a. 减慢熔胶速度 b. 提高背压
⑦原料混杂或热稳定性不佳	⑦更换原料或改用热稳定性好的塑料
⑧熔料从薄壁流入厚壁时膨胀，挥发物气化与模具表面接触激化成银丝	⑧ a. 改良模具结构设计（平滑过渡） b. 调节射胶速度与位置互配关系

续表

原 因 分 析	改 善 方 法
⑨进浇口过大/过小或位置不当	⑨改善进浇口大小或调整进浇口位置
⑩模具排气不良或模温过低	⑩改善模具排气或提高模温
⑪熔料残量过多(熔料停留时间长)	⑪减少熔料残量
⑫下料口处温度过高	⑫降低其温度,并检查下料口处冷却水
⑬背压过低(脱气不良)	⑬适当提高背压
⑭抽胶位置(倒索量)过大	⑭减少倒索量

3.1.11 水波纹及解决方法

水波纹是指熔体流动的痕迹在成型后无法去除而以浇口为中心呈现的水波状纹路,多见于用光面模具注塑成型的塑件上,如图3-43和图3-44所示。

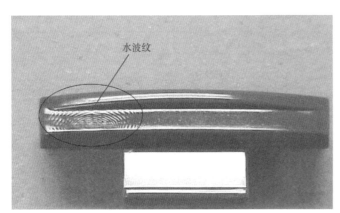
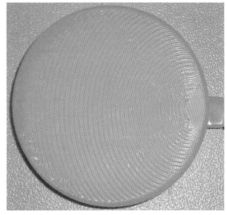

图3-43 塑件上产生的水波纹(一)

(a)缺陷品　　　　　　　　　　　　　　　　　　(b)合格品

图3-44 塑件上产生的水波纹(二)

水波纹是由于最初流入型腔的熔体冷却过快,而其后射入的热熔体推动前面的熔体滑移而形成的水波状纹路,其形成过程如图3-45~图3-47所示。对此,可通过提高熔体温度和模具温度、加快注射速度、提高保压压力等途径来改善。残留于喷嘴前端的冷料,如果直接进入成型模腔内,也会造成水波纹的产生,因此在主流道的末端应开设冷料井以有效地防止水波纹的产生。

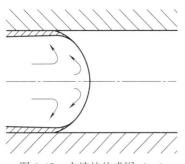

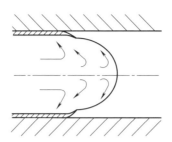

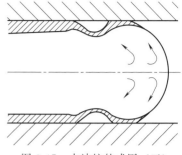

图 3-45　水波纹的成因（一）　　　图 3-46　水波纹的成因（二）　　　图 3-47　水波纹的成因（三）

 归纳总结

水波纹的产生原因及改善方法如表 3-11 所示。

■ 表 3-11　水波纹产生原因及改善方法

原因分析	改善方法
①原料熔融塑化不良	① a. 提高料筒温度 b. 提高背压 c. 提高螺杆转速
②模温或料温太低	②提高模温或料温
③水波纹处注射速度太慢	③适当提高水波纹处的注射速度
④一段注射速度太慢（太细长的流道）	④提高一段注射速度
⑤进浇口过小或位置不当	⑤加大进浇口或改变浇口位置
⑥冷料穴过小或不足	⑥增开或加大冷料穴
⑦流道太长或太细（熔料易冷）	⑦缩短或加粗流道
⑧熔料流动性差（FMI 低）	⑧改用流动性好的塑料
⑨保压压力过小或保压时间太短	⑨增加保压压力及保压时间

3.1.12　喷射纹（蛇形纹）及解决方法

注塑成型过程中，如果熔体在经过浇口处的注射速度过快，则塑件表面（侧浇口前方）会产生蛇形状的纹路，其形成原理如图 3-48 所示，具体的产品实例如图 3-49 和图 3-50所示。

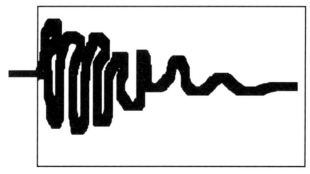

图 3-48　蛇形纹示意图

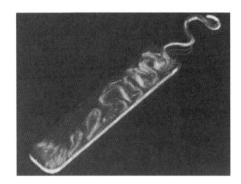
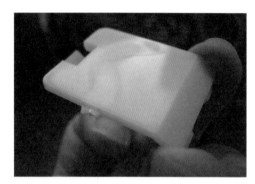

图 3-49　出现蛇形纹的塑件

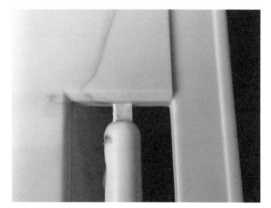

图 3-50　塑件上的蛇形纹现象

图 3-51　用 Moldflow 模拟产生的蛇形纹

蛇形纹多在模具的浇口类型为侧浇口时出现。当塑料熔体高速流过喷嘴、流道和浇口等狭窄区域后，突然进入开放的、相对较宽的区域后，熔融物料会沿着流动方向如蛇一样弯曲前进，与模具表面接触后迅速冷却，如图 3-51 所示。由于这部分材料不能与后续进入型腔的树脂很好地融合，就在制品上造成了明显的纹路。在特定的条件下，熔体在开始阶段以一个相对较低的温度从喷嘴中射出，接触型腔表面之前，熔体的黏度变得非常大，因此产生了蛇形的流动，而接下来随着温度较高的熔体不断地进入型腔，最初的熔体就被挤压到模具中较深的位置处，因此留下了上述的蛇形纹路。

 归纳总结

塑件产生蛇形纹的原因及改善方法如表 3-12 所示。

■ 表 3-12　蛇形纹产生的原因及改善方法

原因分析	改善方法
①浇口位置不当(直接对着空型腔注射)	①改变浇口位置(移到角位)
②料温或模温过高	②适当降低料温和模温
③注射速度过快(进浇口处)	③降低注射速度(进浇口处)
④浇口过小或形式不当(侧浇口)	④改大浇口或做成护耳式浇口(亦可在浇口附近设阻碍柱)
⑤塑料的流动性太好(FMI 高)	⑤改用流动性较差的塑料

📚 实际案例 ◀◀◀

将潜伏式浇口改为侧浇口可以有效消除喷射纹的产生；改变浇口位置，使熔接线的夹角变大，也可以消除熔接痕，或使熔痕变弱，如图 3-52 所示。

图 3-52　电表箱上产生的蛇形纹

3.1.13 虎皮纹及解决方法

虎皮纹是对大尺寸塑件上出现的类似虎皮状花纹缺陷的称呼，比较容易出现在诸如仪表板、保险杠、门板和流程较长的较大面积的塑件上，也被称为虎皮斑，如图3-53所示。

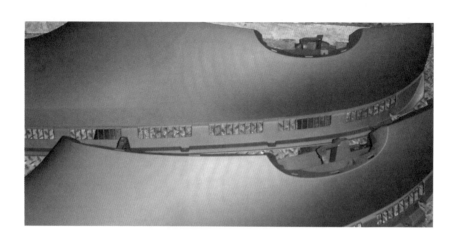

图 3-53　塑件上产生的虎皮纹

知识拓展

高分子材料具有黏弹性，在压力作用下体积会收缩，当压力释放的时候，体积就会回复而膨胀。当聚合物熔体经口模挤出时，挤出物的截面面积比口模出口截面面积大，这种现象叫做出模膨胀。1893年美国生物学家Barus首先观察到了这一现象，所以又称Barus效应，亦称出模膨胀。

在注塑成型时，当塑料熔体通过较小的浇口时，会在浇口处遇到较大的阻力而使塑料在分流道中发生较大的体积收缩，一旦通过浇口后体积就会马上膨胀，从而导致熔体流动前沿发生膨胀跳跃现象，表观上就会形成虎皮纹。

同样道理，熔体在流动过程中，如果制件较薄，型腔空隙较小，模具温度较低，流动过程中制件结构造成流动困难或流程过长，这会造成熔体前沿阻力增大，熔体流动明显减速或出现停滞，此时所充填的区域，其制品的外观会出现光泽差的缺陷。但此后，后续较热的熔体不断进来，橡胶体系开始吸收并储备能量，当能量积聚到一定程度时，即可突破熔体前沿的阻力，熔体开始急速膨胀并出现跳跃推进的现象，此时新充填的区域外观光泽则会较好。

塑料中的橡胶弹性体越多，这种现象越容易出现。韧性差的材料就很少会出现虎皮纹现象。比如增强材料、非增韧的尼龙、PBT等材料在成型过程中很少出现虎皮纹现象，而ABS、HIPS以及添加了EPDM、POE等橡胶成分的PP材料，则非常容易出现虎皮纹缺陷。

图 3-54 所示为虎皮纹的产生机理。

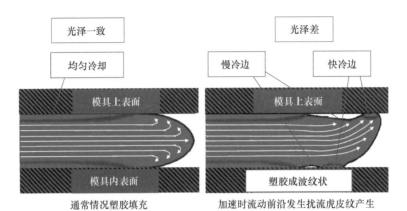

图 3-54 虎皮纹产生机理

消除或降低虎皮纹现象，主要应从成型工艺上着手，方法有提高料温、提高模温、降低注射速率等。

📚 实际案例 ‹‹‹

(1) 虎皮纹缺陷解决案例一

某卡车仪表板，材料：ABS＋PP。开始试模时，模温设定为 40℃，实测模温为 50℃，如图 3-55 和图 3-56 所示，浇口分布如图 3-57 所示。成型后仪表板的虎皮纹明显，如图 3-58 所示。

图 3-55 原设定的料温

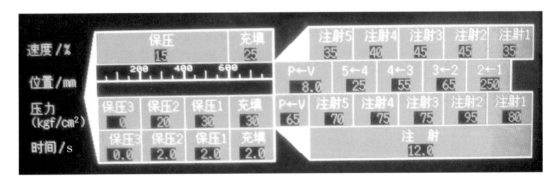

图 3-56 其他主要工艺参数

图 3-57　浇口分布

图 3-58　试模后出现的虎皮纹

经分析后，模温设定为 53℃，实测模温为 63℃，料温及其他工艺参数设定如图 3-59 和图 3-60 所示，采用该工艺后，仪表板的虎皮纹大部分消失。

图 3-59　料温

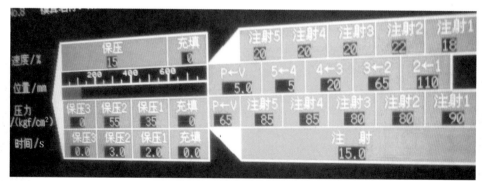

图 3-60　调整后的工艺参数

(2) 虎皮纹缺陷解决案例二

某 46in 液晶电视机后壳，其产品结构如图 3-61 所示，材料为阻燃 ABS。该模具有 6 个进浇点，试模后出现明显的虎皮纹，如图 3-61 所示。

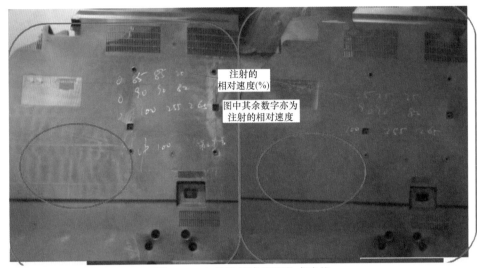

图 3-61 电视机后壳出现的虎皮纹

而后通过提高水温，无法有效提高模具温度。但利用 3 号浇口作为主浇口，2 号、1 号浇口只作保压，4 号浇口延时调整接合线；在 50℃的模温下，降低射速不能有效消除虎皮纹；提高料筒温度和热流道温度 30℃，从而有效提高模温至 63℃；其他工艺参数如图 3-62 所示，降低注射速率，最后有效消除了该虎皮纹。

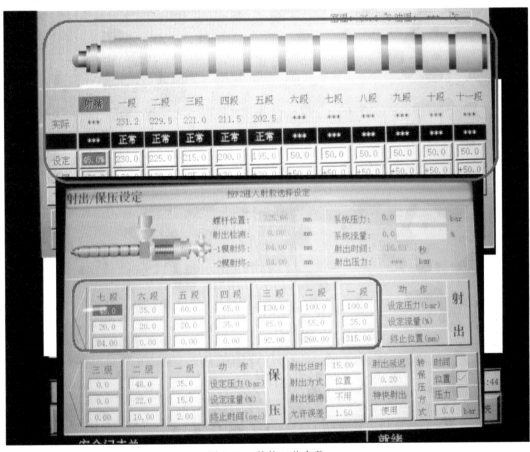

图 3-62 其他工艺参数

3.1.14 气纹（阴影）及解决方法

注塑成型过程中，如果浇口太小而注射速度过快，熔体流动变化剧烈且熔体中夹有空气，则在塑件的浇口位置、转弯位置和台阶位置等处会出现明显的阴影，该阴影被称为气纹，如图3-63和图3-64所示。ABS、PC、PPO等塑料的制品，在浇口位置较易出现气纹。

图3-63 塑件上的气纹（一）

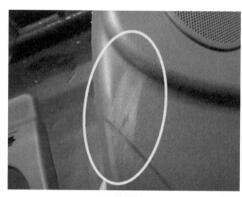

(a) 缺陷品

(b) 合格品

图3-64 塑件上的气纹（二）

归纳总结

气纹产生的原因及改善方法如表3-13所示。

■ 表3-13 气纹产生原因及改善方法

原因分析	改善方法
①熔料温度过高或模具温度过低	①降低料温(以防分解)或提高模温
②浇口过小或位置不当	②加大浇口尺寸或改变浇口位置
③产生气纹部位的注塑速度过快	③多级射胶,减慢相应部位的注射速度
④流道过长或过细(熔料易冷)	④缩短或加粗流道尺寸
⑤产品台阶/角位无圆弧过渡	⑤产品台阶/角位加圆弧
⑥模具排气不良(困气)	⑥改善模具排气效果
⑦流道冷料穴太小或不足	⑦加大或增开冷料穴
⑧原料干燥不充分或过热分解	⑧充分干燥原料并防止熔料过热分解
⑨塑料的黏度较大,流动性差	⑨改用流动性较好的塑料

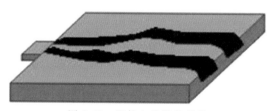

图3-65 塑件上的黑条现象

3.1.15 黑纹（黑条）及解决方法

黑纹是塑件表面出现的黑色条纹，也称黑条，如图3-65所示。

发生黑条现象的主要原因是成型材料的热分解，常见于热稳定性差的塑料（如PVC和POM等）。有效防止黑条现象发生的对策是防止料筒内的熔体温度过高，并减慢注射速度。料筒或螺杆如果有伤痕或缺口，则附着于此部分的材料会过热，引起热分解。此外，止逆环开裂亦会因熔体滞留而引起热分解，所以黏度高的塑料或容易分解的塑料要特别注意防止黑条现象的发生。

 归纳总结

产生黑条的原因及改善方法如表 3-14 所示。

■ 表 3-14 产生黑条的原因及改善方法

原因分析	改善方法
熔料温度过高	降低料筒/喷嘴温度
螺杆转速太快或背压过大	降低螺杆转速或背压
螺杆与炮筒偏心而产生摩擦热	检修机器或更换机台
射嘴孔过小或温度过高	适当改大射嘴孔径或降低其温度
色粉不稳定或扩散不良	更换色粉或添加扩散剂
射嘴头部黏滞有残留的熔料	清理射嘴头部余胶
止逆环/料管内有使原料过热的死角	检查螺杆、止逆环或料管有无磨损
回用水口料(浇注系统燃料)中有杂色料(被污染)	检查或更改水口料
进浇口太小或射嘴有金属堵塞	改大进浇口或清除射嘴内的异物
残量过多(熔料停留时间过长)	减少残量以缩短熔料停留时间

3.1.16 发脆及解决方法

注塑成型后的塑件，其冲击性能与原材料相比出现了大幅度的下降，该现象被称为发脆，如图 3-66 所示。塑件发脆的直接原因是塑件内应力过大。

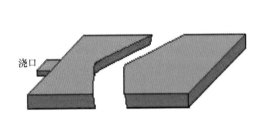
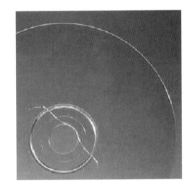

图 3-66 塑件发脆现象

塑件发脆的原因及应对措施主要以下几个。

(1) 材料方面

① 注塑前设置适当的干燥条件，塑胶如果连续干燥几天或干燥温度过高，尽管可以除去挥发分等物质，但同时也易导致材料降解，特别是热敏性塑料。

② 应减少使用回收料，增加原生料的比例。

③ 应选用合适的材料，选用高强度的塑胶。

（2）模具设计方面

增大主流道、分流道和浇口的尺寸，流道应避免出现尖锐的角，过小的主流道、分流道或浇口尺寸容易以及尖锐的拐角会导致过多的剪切热从而导致聚合物的分解。

（3）注塑机方面

选择合适的螺杆，塑化时温度分配更加均匀。如果材料温度不均，则在局部容易积聚过多热量，导致材料的降解。

（4）工艺条件方面

① 降低料筒和喷嘴的温度。

② 降低背压、注塑压力、螺杆转速和注塑速度，减少过多剪切热的产生，避免聚合物分解。

③ 如果是熔解痕强度不足导致的发脆，则可以通过增加熔体温度、加大注塑压力的方法、提高熔解痕强度。

④ 降低开模速度、顶出速度和顶出压力。

（5）塑件设计方面

① 塑件中部流体要流经的部位不要出现过薄的壁厚。

② 制品带有容易出现应力开裂的尖角、嵌件、缺口或厚度相差很大的设计。

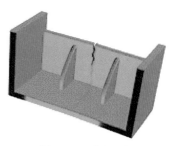

图 3-67 裂纹现象

3.1.17 裂纹（龟裂）及解决方法

注塑成型后，塑件表面开裂并形成的若干条长度和大小不等的裂缝，如图 3-67 和图 3-68 所示。

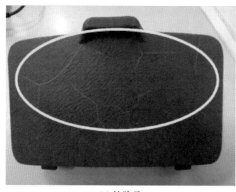

(a) 缺陷品

(b) 合格品

图 3-68 龟裂现象

如果塑件的浇口形状和位置设计不当，则注射压力/保压压力过大，保压时间过长而导致塑件脱模不顺（强行顶出），塑件内应力过大或分子取向应力过大等，均可能产生裂纹缺陷，具体分析如下。

① 残余应力太高。对此，在模具设计和制造方面，可以采用压力损失最小、而且可以承受较高注射压力的直接浇口，可将正向浇口改为多个针点状浇口或侧浇口，并减小浇口直径。设计侧浇口时，可采用成型后可将破裂部分除去的凸片式浇口。在工艺操作方

面，通过降低注射压力来减少残余应力是一种最简便的方法，因为注射压力与残余应力呈正比例关系。应适当提高料筒及模具温度，减小熔体与模具的温度，控制模内型坯的冷却时间和速度，使取向分子有较长的恢复时间。

② 外力导致残余应力集中。一般情况下，这类缺陷总是发生在顶杆的周围。出现这类缺陷后，应认真检查和校调顶出装置，顶杆应设置在脱模阻力最大的部位，如凸台、加强筋等处。如果设置的顶杆数由于推顶面积受到条件限制不可能扩大时，则可采用小面积多顶杆的方法。如果模具型腔脱模斜度不够，则塑件表面也会出现擦伤形成褶皱花纹。

③ 成型原料与金属嵌件的热膨胀系数存在差异。对于金属嵌件应进行预热，特别是当塑件表面的裂纹发生在刚开机时，大部分是由于嵌件温度太低造成的，更应进行预热。另外，在嵌件材质的选用方面，应尽量采用线胀系数接近塑料特性的材料。在选用成型原料时，也应尽可能采用高分子量的塑料，如果必须使用低分子量的成型原料时，则嵌件周围的塑料厚度应设计得厚一些。

④ 原料选用不当或不纯净。实践表明，低黏度疏松型塑料不容易产生裂纹。因此，在生产过程中，应结合具体情况选择合适的成型原料。在操作过程中，要特别注意不要把聚乙烯和聚丙烯等塑料混在一起使用，这样很容易产生裂纹。在成型过程中，脱模剂对于熔体来说也是一种异物，如用量不当也会产生裂纹，因此应尽量减少其用量。

⑤ 塑件结构设计不合理。塑件形状结构中的尖角及缺口处最容易产生应力集中，导致塑件表面产生裂纹及破裂。因此，塑件形状结构中的外角及内角都应尽可能采用最大半径做成圆弧。试验表明，最佳过渡圆弧半径为圆弧半径与转角处壁厚的比值为 1:1.7。

⑥ 模具上的裂纹复映到塑件表面上。在注射成型过程中，由于模具受到注射压力反复的作用，型腔中具有锐角的棱边部位会产生疲劳裂纹，尤其在冷却孔附近特别容易产生裂纹。当模具型腔表面上的裂纹复映到塑件表面上时，塑件表面上的裂纹总是以同一形状在同一部位连续出现。出现这种裂纹时，应立即检查裂纹对应的型腔表面有无相同的裂纹。如果是由于复映作用产生裂纹，则应以机械加工的方法修复模具。

经验表明，PS、PC 料的制品较容易出现裂纹现象。而由于内应力过大所引起的裂纹可以通过"退火"处理的方法来消除内应力。

归纳总结

塑件产生裂纹的原因及改善方法如表 3-15 所示。

■ 表 3-15 龟裂产生的原因及改善方法

原因分析	改善方法
①注射压力过大或末端注射速度过快	①减小注射压力或末端注射速度
②保压压力太大或保压时间过长	②减小保压压力或缩短保压时间
③熔料温度或模具温度过低/不均	③提高熔料温度或模具温度(可用较小的注射压力成型)，并使模温均匀
④浇口太小、形状及位置不适	④加大浇口、改变浇口形状和位置
⑤脱模斜度不够，模具不光滑或有倒扣	⑤增大脱模斜度、省顺模具、消除倒扣
⑥顶针太小或数量不够	⑥增大顶针或增加顶针数量
⑦顶出速度过快	⑦降低顶出速度
⑧金属嵌件温度偏低	⑧预热金属嵌件
⑨水口料回用比例过大	⑨减小添加水口料比例或不用回收料

原因分析	改善方法
⑩内应力过大	⑩控制或改善内应力,退火处理
⑪模具排气不良(困气)	⑪改善模具排气效果

3.1.18 烧焦(炭化)及解决方法

烧焦是指注塑过程中由于模具排气不良或注射太快,模具内的空气来不及排出,则空气会在瞬间高压下急剧升温(极端情况下温度可高达300℃),而将熔体在某些位置烧黄、烧焦的现象,如图3-69所示。

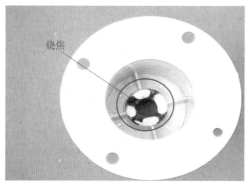
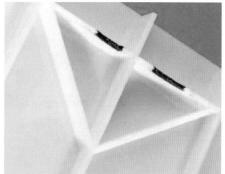
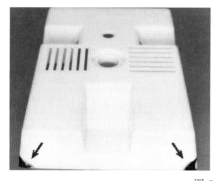

图3-69 烧焦现象

归纳总结

塑件烧焦的具体原因及改善方法如表3-16所示。

■ 表3-16 烧焦原因分析与对策

原因分析	改善方法
①末端注射速度过快	①降低最后一级注射速度
②模具排气不良	②加大或增开排气槽(抽真空注塑)
③注射压力过大	③减小注射压力(可减轻压缩程度)
④熔料温度过高(黏度降低)	④降低熔料温度,降低其流动性
⑤浇口过小或位置不当	⑤改大浇口或改变其位置(改变排气)
⑥塑胶材料的热稳定性差(易分解)	⑥改用热稳定性更好的塑料
⑦锁模力过大(排气缝变小)	⑦降低锁模力或边锁模边射胶
⑧排气槽或排气针阻塞	⑧清理排气槽内的污渍或清洗顶针

3.1.19 黑点及解决方法

透明塑件、白色塑件或浅色塑件，在注塑生产时常常会出现黑点现象，如图 3-70 所示。塑件表面出现的黑点会影响制品的外观质量，造成生产过程中废品率高、浪费大、成本高。

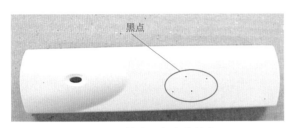

图 3-70　制品上产生的黑点

黑点问题是注塑成型中的难题，需要从水口料（流道凝料）、碎料、配料、加料、环境、停机及生产过程中各个环节加以控制，才能减少黑点。

📎 归纳总结

塑件出现黑点的直接原因是混有污料或塑料熔体在高温下降解，从而在制品表面产生黑点，具体原因及改善方法如表 3-17 所示。

■ 表 3-17　黑点原因分析与改善方法

原因分析	改善方法
①原料过热分解物附着在料筒内壁上	① a. 彻底射空余胶 b. 彻底清理料管 c. 降低熔料温度 d. 减少残料量
②原料中混有异物(黑点)或烘料桶未清理干净	② a. 检查原料中是否有黑点 b. 需将烘料桶彻底清理干净
③热敏性塑料浇口过小，注射速度过快	③ a. 加大浇口尺寸 b. 降低注射速度
④料筒内有引起原料过热分解的死角	④检查射嘴、止逆环与料管有无磨损/腐蚀现象或更换机台
⑤开模时模具内落入空气中的灰尘	⑤调整机位风扇的风力及风向(最好关掉风扇)，用薄膜盖住注塑机
⑥色粉扩散不良，造成凝结点	⑥增加扩散剂或更换优质色粉
⑦空气内的粉尘进入烘料桶内	⑦烘料桶进气口加装防尘罩
⑧喷嘴堵塞或射嘴孔太小	⑧清除喷嘴孔内的不熔物或加大孔径
⑨水口料不纯或污染	⑨控制好水口料(最好采用无尘车间)
⑩碎料机/混料机未清理干净	⑩彻底清理碎料机/混料机

3.1.20　顶白（顶爆）及解决方法

塑件从模具上脱模时，如果采用了顶杆顶出的方式，则顶杆往往会在塑件上留下或深或浅的痕迹，如果这些痕迹过深，就会出现所谓的顶白现象，严重的会发生顶穿塑件的情况，即所谓的顶爆，如图 3-71～图 3-73 所示。

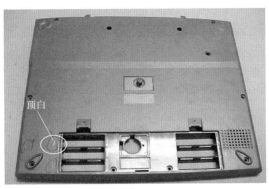

图 3-71 顶白现象（一）

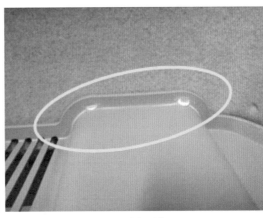

图 3-72 顶白现象（二）

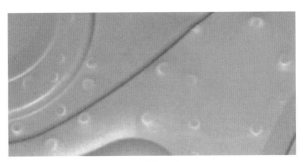

图 3-73 顶白现象（三）

归纳总结

　　塑件出现顶白现象的原因主要是制品粘模力较大，而塑件上顶出部位的强度不够，导致顶杆顶出位置产生白痕。具体的原因及改善方法如表 3-18 所示。

■ 表 3-18 顶白原因分析与对策

原因分析	改善方法
①后模温度太低或太高	①调整合适的模温
②顶出速度过快	②减慢顶出速度
③有脱模倒角	③检修模具(抛光)
④成品顶出不平衡(断顶针板弹簧)	④检修模具(使顶出平衡)
⑤顶针数量不够或位置不当	⑤增加顶针数量或改变顶针位置
⑥脱模时模具产生真空现象	⑥清理顶针孔内污渍,改善进气效果
⑦成品骨位、柱位粗糙(倒扣)	⑦抛光各骨位及柱位
⑧注射压力或保压压力过大	⑧适当降低其压力
⑨成品后模脱模斜度过小	⑨增大后模脱模斜度
⑩侧滑块动作时间或位置不当	⑩检修模具(使抽芯动作正常)
⑪顶针面积太小或顶出速度过快	⑪增大顶针面积或减慢顶出速度
⑫末段的注射速度过快(毛刺)	⑫减慢最后一段注射速度

知识拓展

　　在实际生产过程中，塑件注塑成型结束后，即使顶杆没有进行顶出动作，但是顶杆头部的制件表面依然会产生光泽非常好的亮斑，如图 3-74 所示，该现象在侧抽机构成型的制件表面位置也会出现。这种现象的产生是由于成型时，顶杆或者侧抽机构受力较大，或者顶杆和侧抽机构的装配间隙过大，或者顶杆和侧抽机构选用的金属材料硬度不足，刚性不够，当熔体以一定的压力作用在顶杆和侧抽机构的表面时，引起其发生振动，该振动过大时，会导致其表面与熔体产生较大的摩擦热，从而引起熔体在该位置局部温度上升，结果就是塑件的外观质量与周围的表面不一致，表现出亮斑特征，严重时，可见其底部存在烧焦现象。

图 3-74　顶白现象（四）

上述现象的原因主要是制品粘模力较大，而顶出部位强度不够，导致顶杆顶出位置产生白痕。按造成该类型缺陷的因素进行归类，其相应的原因及应对措施如表 3-19 所示。

■ 表 3-19　顶白现象的因素分析表

注塑工艺	① 在不出现缩痕的前提下，降低最后一段的注塑压力和保压压力 ②提高模具温度和熔体温度 ③顶出至制件脱离模具初始时刻，将初始顶出速度降低到 5% 以下
模具设计	①提高筋位的脱模斜度，降低筋位表面的粗糙度 ②制件若存在凹坑和桶状的结构，则要提高脱模斜度 ③使用拉料杆或拉料顶针来保证制件留在动模，因为这些机构会在顶出时跟随制件一起动作，不会产生脱模阻力；尽量少用通过降低脱模斜度或者设置砂眼结构的方法，因为这些方法会产生脱模阻力 ④顶杆要均匀分布，在脱模困难的位置顶杆要多 ⑤顶杆头面积要大，减少应力集中 ⑥顶杆选材要选用刚性好的钢材 ⑦顶杆、嵌件以及抽芯机构的装配间隙不宜过大，否则引起振动发热
制件设计	①在保证变形要求的情况下，尽量减少筋位数量 ②筋位不宜太厚或太薄，最好在制件厚度的 1/3 左右 ③筋位的深度不宜太深
材料配方	①提高材料的润滑性或脱模性，减少材料与模具的摩擦系数 ②提高材料流动性，减少充模压力 ③对于筋位多的制件，材料收缩率大有利于减少脱模力 ④对于桶形制件，材料收缩率小可以减少制件对型芯的包紧力

3.1.21　拉伤（拖花）及解决方法

塑件脱模时，如果模具的型腔侧面开设有较深的纹路，但模具型腔的脱模斜度不够大，则塑件在脱离型腔后会出现纹路模糊的现象，此现象被称为拉伤或拖花，如图 3-75 所示。

图 3-75　拉花现象

归纳总结

塑件拉伤的原因主要是注射压力或保压压力过大，模具型腔内侧纹路过深等，具体的原因及改善方法如表 3-20 所示。

■ 表 3-20　拉伤的原因及改善方法

原因分析	改善方法
①模腔内侧边有毛刺（倒扣）	①省顺模腔内侧的毛刺（倒扣）
②注射压力或保压压力过大	②降低注射压力或保压压力
③模腔脱模斜度不够	③加大模腔的脱模斜度
④模腔内侧面蚀纹过粗	④将粗纹改为幼纹或改为光面台阶结构
⑤锁模力过大（模腔变形）	⑤酌情减小锁模力，防止模腔变形
⑥前模温度过高或冷却时间不够	⑥降低模腔温度或延长冷却时间
⑦模具开启速度过快	⑦减慢开模启动速度
⑧锁模末端速度过快（模腔冲撞压塌）	⑧减慢末端锁模速度，防止型腔撞塌

3.1.22　色差及解决方法

塑件成型后在同一表面出现颜色不一致或光泽相同的现象，被称为色差或光泽差别，如图 3-76 和图 3-77 所示。

图 3-76　色差现象（一）

(a) 缺陷品

(b) 合格品

图 3-77　色差现象（二）

归纳总结

　　色差是由于塑件着色分布不均，或者是着色剂与熔体流动方向不同，从而引起热效应破坏和塑件的严重变形导致的。此外，使用过大的脱模力，也可导致颜色不均匀而产生色差。

　　注塑过程中如果原料、色粉发生了变化，水口料回收量未严格控制，注塑工艺（料温、背压、残量、注射速度及螺杆转速等）发生了变化，注塑机台发生了变更，混料时间不同，原料干燥时间过长，颜色需配套的产品分开进行开模（多套模具），样板变色及库存产品颜色不一样等，则都可能出现色差现象。具体原因及改善方法如表 3-21 所示。

■ 表 3-21　色差的原因及改善方法

原因分析	改善方法
①原料的牌号/批次不同	①使用同一供应商/同一批次的原料生产同一订单的产品
②色粉的质量不稳定(批次不同)	②改用稳定性好的色粉或同一批色粉
③熔料温度变化大(忽高或忽低)	③合理设定熔料温度并稳定料温
④水口料的回用次数/比例不一致	④严格控制水口料的回用量及次数
⑤料筒内残留料过多(过热分解)	⑤减少残留量
⑥背压过大或螺杆转速过快	⑥降低背压或螺杆转速
⑦需颜色配套的产品不在同一套模内	⑦模具设计时将有颜色配套的产品尽量放在一同套模具内注塑
⑧注塑机大小不相同	⑧尽量使用同一台或同型号的注塑机
⑨配料时间及扩散剂用量不同(未控制)	⑨控制配料工艺及时间(需相同)
⑩产品库存时间过长	⑩减少库存量，以库存产品为颜色板
⑪烤料时间过长或不一致	⑪控制烤料时间，不要变化或时间太长
⑫颜色板污染变色	⑫保管好颜色板(同胶袋密封好)
⑬色粉量不稳定(底部多、顶部少)	⑬使用色浆、色母粒或拉粒料

　　特别注意：塑件出现色差是注塑成型中经常发生的问题，也是最难控制的问题之一。解决色差现象是一项系统工程，需要从注塑生产过程中的各个工序（各环节）加以控制，才可能得到有效改善。

3.1.23 混色及解决方法

塑件的表面或在熔体流动方向发生改变的部位，如果出现局部区域颜色偏差较明显的现象，则该现象被称为混色，如图 3-78～图 3-80 所示。

图 3-78　混色现象（一）

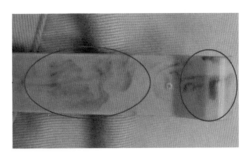

图 3-79　混色现象（二）

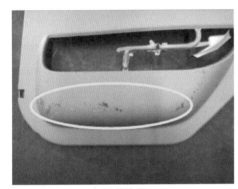

(a) 缺陷品

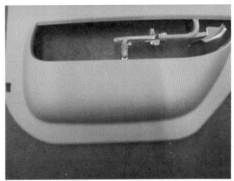

(b) 合格品

图 3-80　混色现象（三）

 **归纳总结**

混色的原因很多，如注塑过程中色粉扩散不均（相容性差）、料筒未清洗干净、原料中混有其他颜色的水口料、回料比例不稳定、熔体塑化不良等。具体的原因及改善方法如表 3-22 所示。

■ 表 3-22　混色原因及改善方法

原因分析	改善方法
①熔料塑化不良	①改善塑化状况，提高塑化质量
②色粉结块或扩散不良	②研磨色粉或更换色粉（混色头射嘴）
③料温偏低或背压太小	③提高料温、背压及螺杆转速
④料筒未清洗干净（含有其他残料）	④彻底清洗熔胶筒（必要时使用螺杆清洗剂）
⑤注射机螺杆、料筒内壁损伤	⑤检修或更换损伤的螺杆/料筒或机台
⑥扩散剂用量过少	⑥适当增加扩散剂用量或更换扩散剂
⑦塑料与色粉的相容性差	⑦更换塑料或色粉（可适量添加水口料）
⑧回用的水口料中有杂色料	⑧检查/更换原料或水口料
⑨射嘴头部（外面）滞留有残余熔胶	⑨清理射嘴外面的余胶

光泽不均匀

图 3-81　塑件表面光泽不良

3.1.24　表面光泽不良及解决方法

塑件成型后，其表面失去材料本来的光泽，或者表面形成乳白色的层膜，被称为表面光泽不良，如图 3-81 所示。

归纳总结

塑件表面光泽不良，大都是由于模具表面状态不良所致。模具表面抛光不良或有模垢时，成型品表面当然得不到良好的光泽；此外，使用过多的脱模剂或油脂性脱模剂亦是表面光泽不良的重要原因；材料吸湿或含有挥发物及异质物混入，亦是造成制品表面光泽不良的原因之一。具体的原因及改善方法如表 3-23 所示。

■ 表 3-23　制品表面无光泽的原因及改善方法

原因分析	改善方法
①模具温度太低或料温太低	①提高模具温度或料温(改善复制性)
②熔料的密度不够或背压低	②增加保压压力/时间或适当增加背压
③模具内有过多脱模剂	③控制脱模剂用量,并擦拭干净
④模具表面渗有水或油	④擦拭干净水或油并检查是否漏水及油
⑤模内表面不光滑(胶渍或锈迹)	⑤模具抛光或清除胶渍
⑥原料干燥不充分(整体发哑)	⑥充分干燥原料
⑦模具型腔内有模垢/胶渍	⑦清除模具型腔内的模垢/胶渍
⑧熔料过热分解或在料筒内停留时间过长	⑧降低熔料温度或减少残量
⑨流道及进浇口过小(冷料)	⑨加大流道及浇口尺寸
⑩注射速度太慢或模温不均	⑩提高注射速度或改善冷却系统
⑪料筒未清洗干净	⑪彻底清洗料筒

3.1.25　透明度不足及解决方法

成型透明塑件过程中，如果料温过低、原料未干燥好、熔体分解、模温不均匀或模具表面光洁度不好等，均可能出现塑件透明度不足的现象。

归纳总结

塑件出现透明度不足的原因及改善方法如表 3-24 所示。

■ 表 3-24　透明度不足的原因及改善方法

原因分析	改善方法
①熔料塑化不良或料温过低	①提升熔料温度,改善熔料塑化质量
②熔料过热分解	②适当降低熔料温度,防止熔料分解
③原料干燥不充分	③充分干燥原料
④模具温度过低或模温不均	④提高模温或改善模具温度的均匀性
⑤模具表面光洁度不够	⑤抛光模具或采用表面电镀的模具,提高模具的光洁度
⑥结晶型塑料的模温过高(充分结晶)	⑥降低模温,加快冷却(控制结晶度)
⑦使用了脱模剂或模具上有水及污渍	⑦不用脱模剂或清理模具内的水及污渍

3.1.26 表面浮纤及解决方法

表面浮纤是指成型玻璃纤维增强的塑料时在塑件的表面出现纤维的现象，如图 3-82 所示。塑件表面浮纤将严重影响塑件的质量。

图 3-82　表面浮纤现象

 **归纳总结**

塑件出现浮纤的原因主要有两个，一是射出的熔体在接触模具内壁时已被过度冷却，玻璃纤维难以浸润于熔体中，从而形成纤痕；二是玻璃纤维与塑料的收缩率不同，导致局部玻璃纤维凸出塑件外。具体的原因及改善方法如表 3-25 所示。

■ 表 3-25　塑件表面浮纤原因及改善方法

原因分析	改善方法
①模具温度过低或料温偏低	①提高模具温度或熔料温度
②保压压力/注射压力偏小	②提高保压压力及注射压力
③玻璃维纤长度偏长	③改用短玻纤增强塑料(注意强度变化)
④注塑速度偏低	④提高注塑速度
⑤浇口过小或流道过细/过长	⑤加大浇口或流道尺寸,缩短流道长度
⑥冷料穴不足或尺寸过小	⑥加开冷料穴或加大冷料穴尺寸
⑦背压过低	⑦适当提高背压,增大熔料的密度
⑧玻纤塑料的相容性差	⑧在塑料中添加偶联剂

3.1.27 尺寸超差及解决方法

注塑成型过程中，如果注塑工艺不稳定或模具发生变形，则塑件尺寸就会产生偏差，达不到所需尺寸的精度。

归纳总结

产生尺寸超差的原因及改善方法如表 3-26 所示。

■ 表 3-26　塑件尺寸超差的原因及改善方法

原因分析	改善方法
①注射压力及保压压力偏低(尺寸小)	①增大注射压力或保压压力
②模具温度不均匀	②调整/改善模具冷却水流量
③冷却时间不够(胶件变形—尺寸小)	③延长冷却时间,防止胶件变形
④模温过低,塑料结晶不充分(尺寸大)	④提高模具温度,使熔料充分结晶

原因分析	改善方法
⑤塑件吸湿后尺寸变大	⑤改用不易吸湿的塑料
⑥塑料的收缩率过大(尺寸小)	⑥改用收缩率较小的塑料
⑦浇口尺寸过小或位置不当	⑦增大浇口尺寸或改变浇口位置
⑧模具变形(尺寸误差大)	⑧模具加撑头,酌情减少锁模力,提高模具硬度
⑨背压过低或熔胶量不稳定(尺寸小)	⑨提升背压,增大熔料密度
⑩塑件尺寸精度要求过高	⑩根据国际尺寸公差标准确定其精度

3.1.28 起皮及解决方法

注塑过程中,熔体相互间没有完全相容,或者熔体与嵌件、杂质等相互之间没有完全压实,则塑件表面就会出现剥离、起皮(分层)等不良现象,如图3-83所示。

图 3-83 塑件上的起皮现象

经验总结

塑件出现起皮缺陷,其原因涉及塑料原料、工艺条件等,具体原因及相应措施如下。

① 材料:应避免不相容的杂质或受污染的回收料混入原料中;避免原材料混杂;提高合金材料的相容性。

② 模具结构:应对无必要的尖锐角度的流道或浇口进行倒角处理,实现平滑过渡。

③ 工艺条件:增加料筒和模具温度;成型前对材料进行恰当的干燥处理;避免使用过多的脱模剂;不要使用过高的注射压力,防止塑件粘模;对于PVC塑料,注射速度过快或模具温度低亦可能造成分层剥离。

 归纳总结

塑件产生起皮的原因及改善方法如表3-27所示。

■ 表 3-27 起皮原因及改善方法

原因分析	改善方法
①熔胶筒未清洗干净(熔料不相容)	①彻底清洗熔胶筒
②回用的水口料中混有杂料	②检查或更换水口料
③模具温度过低或熔料温度偏低	③提高模温及熔料温度
④背压太小,熔料塑化不良	④增大背压,改善熔料塑化质量
⑤模具内有油污/水渍	⑤清理模具内的油污/水渍
⑥脱模剂喷得过多	⑥不喷脱模剂

3.1.29 冷料斑及解决方法

注塑过程中,如果塑料塑化不彻底或模具流道中有冷料,则塑件表面极易产生冷料斑。

 归纳总结

冷料斑产生的原因及改善方法如表3-28所示。

■ 表3-28 冷料斑产生的原因及改善方法

原因分析	改善方法
①流道内有流涎的冷料	①降低喷嘴温度,减少背压,适当抽胶改善流涎
②熔料塑化不良(料温偏低,产生死胶)	②提高料温,改善塑化质量
③回用水口料中含有熔点高的杂料	③检查/更换水口料
④模具(顶针位、柱位、滑块)内留有残余的胶屑(胶粉)	④检修模具并清理模内的胶屑/胶粉
⑤模具内有倒扣(刮胶)	⑤检修模具并省顺(抛光)倒扣位

3.1.30 塑件强度不足及解决方法

注塑生产中,如果熔体过热而产生分解、水口料(流道凝料)回用比例过大、水口料中混有杂料、塑件太薄、内应力过大等,则塑件在一些关键部分往往会发生强度不足的现象。当塑件强度不足时,在受力或使用时会出现脆裂、断裂等问题,从而影响产品的功能、外观和使用寿命。

 归纳总结

塑件产生强度不足的原因及改善方法如表3-29所示。

■ 表3-29 塑件强度不足的原因及改善方法

原因分析	改善方法
①料温过高,熔料过热分解发脆	①适当降低料温
②熔料塑化不良(温度过低)	②提高料温/背压,改善塑化质量
③模温过低或塑料干燥不充分	③提高模温或充分干燥塑料
④残量过多,熔料在料筒内停留时间过长(过热分解)	④减少残留量
⑤脱模剂用量过多	⑤控制脱模剂用量或不使用脱模剂
⑥胶件局部太薄	⑥增加薄壁位的厚度或增添加强筋
⑦回用水口料过多或水口料混有杂料	⑦减少回用水口料比例或更换水口料
⑧料筒未清洗干净,熔料中有杂质	⑧将料筒彻底清洗干净
⑨喷嘴孔径或浇口尺寸过小	⑨增大喷嘴孔径或加大浇口尺寸
⑩PA(尼龙)料干燥过头	⑩PA胶件进行"调湿"处理
⑪材料本身强度不足(FMI大)	⑪改用分子量大的塑料
⑫夹水纹明显(熔合不良,强度降低)	⑫提高模温,减轻或消除夹水纹
⑬胶件残留应力过大(内应力开裂)	⑬改善工艺及模具结构、控制内应力
⑭制品锐角部位易应力集中造成开裂	⑭锐角部位加R角(圆弧过渡)
⑮玻纤增强塑料注塑时,浇口过小	⑮加大浇口尺寸,防止玻纤因剪切变短

3.1.31 金属嵌件不良及解决方法

注塑生产中,对于一些连接强度要求高的塑件,往往需在塑件中放入金属嵌件(如:螺钉、螺母、轴等),从而制成带有金属嵌件的塑件。在注塑带有金属嵌件的塑件时,常出现金属嵌件的定位不准、金属嵌件周边塑料开裂、金属嵌件四周溢变及金属嵌件损伤等问题,如图3-84所示。

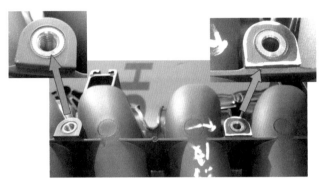

图 3-84　金属嵌件周边溢边现象

归纳总结

出现金属嵌件不良的原因及改善方法如表 3-30 所示。

■ 表 3-30　金属嵌件不良的原因及改善方法

原因分析	改善方法
①注射压力或保压压力过大	①降低注射压力及保压压力
②注射速度过快(嵌件易产生批锋)	②减慢注射速度
③熔料温度过高	③降低熔料温度
④嵌件定位不良(卧式注塑机)	④检查定位结构尺寸或稳定嵌件尺寸
⑤嵌件未摆放到位(易压伤)	⑤改善金属嵌件的嵌入方法(放到位)
⑥嵌件尺寸不良(过小或过大),放不进定位结构内或松动	⑥改善嵌件的尺寸精度并更换嵌件
⑦嵌件卡在定位结构内,脱模时拉伤	⑦调整注塑工艺条件(降低注射压力、保压压力及注射速度)
⑧嵌件注塑时受压变形	⑧减小锁模力或检查嵌入方法
⑨定位结构内有胶屑或异物(放不到位)	⑨清理模具内的异物
⑩金属嵌件温度过低(包胶不牢)	⑩预热金属嵌件
⑪金属嵌件与制品边缘的距离太小	⑪加大金属嵌件周围的胶厚
⑫嵌件周边包胶(批锋)	⑫减小嵌件间隙或调整注塑工艺条件
⑬浇口位置不适(位于嵌件附近)	⑬改变浇口位置,远离嵌件

3.1.32　通孔变盲孔及解决方法

注塑过程中,可能出现塑件内本应为通孔的位置却变成了盲孔的现象。

归纳总结

通孔变盲孔的原因及改善方法如表 3-31 所示。

■ 表 3-31　制品产生盲孔的原因及改善方法

原因分析	改善方法
①成型孔针断或掉落	①检修模具并重新安装成型孔针
②侧孔行位/滑块出现故障(不复位)	②检修行位(滑块),重新做成型孔针
③成型孔针材料刚性/强度不够	③使用刚性/强度高的钢材做成型孔针
④成型孔针太细或太长	④改善成型孔针的设计(加粗/减短)
⑤注射压力或保压压力过大(包得紧)	⑤降低注射压力或保压压力
⑥锁模力大,成型孔针受压过大(断)	⑥减小锁模力,防止成型孔针压断

原因分析	改善方法
⑦成型孔针脱模斜度不足或粗糙	⑦加大成型孔针的脱模斜度或抛光
⑧胶件压模,压断成型孔针	⑧控制压模现象(加装锁模监控装置)

3.1.33　内应力过大及解决方法

当塑料熔体充填至模腔后进行快速冷却时,制品表面的降温速率远比内层快,表层冷却迅速而固化,由于固化后的塑料导热性差,制品内部的热量无法顺利传导出去而凝固缓慢,当模具的浇口封闭后,再也不能对内部冷却收缩的位置进行补料。制品内部会因收缩而处于拉伸状态,而表层则处于相反状态的压应力,这种应力在开模后来不及消除而留在制品内,被称为残余应力过大。

 归纳总结

塑件产生内应力过大的原因及改善方法如表3-32所示。

■ **表3-32　制品内应力过大的原因及改善方法**

原因分析	改善方法
①模具温度过低或过高(阻力小)	①提高模具温度(或降低模温)
②熔料温度偏低(流动性差,需要高压)	②提高熔料温度,降低压力
③注射压力/保压压力过大	③降低注射压力及保压压力
④胶件结构存在锐角(尖角—应力集中)	④在锐角(直角)部位加圆角
⑤顶出速度过快或顶出压力过大	⑤降低顶出速度,减小顶出压力
⑥顶针过细或顶针数量过少	⑥加粗顶针或增加顶针数量
⑦胶件脱模困难(粘模力大)	⑦改善脱模斜度,减小粘模力
⑧注射速度太慢(易分子取向)	⑧提高注射速度,减小分子取向程度
⑨胶件壁厚不均匀(变化大)	⑨改良胶件结构,使其壁厚均匀
⑩注射速度过快或保压位置切换过迟	⑩降低注射速度或调整保压切换位置

知识拓展

在塑件产生内应力后,可通过"退火"的方法减轻或消除;塑件是否存在内应力,可用四氯化碳溶液或冰醋酸溶液检测。

3.1.34　光斑(鬼影)及解决方法

塑料在成型过程中,由于温度、压力或者收缩突变引起的塑件外观出现的不规则光斑,俗称鬼影、光影等,如图3-85~图3-87所示。

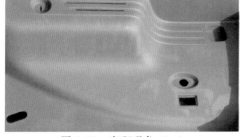

图3-85　光斑现象(一)

图3-86　光斑现象(二)

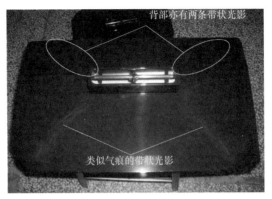

背部亦有两条带状光影

类似气痕的带状光影

图 3-87　光斑现象（三）

实际案例 ‹‹‹

图 3-88 所示是笔记本电脑的塑料风扇，塑件中间出现了梅花状光斑。通过分析得知，模具的动模温度在中间位置偏高是造成该光影缺陷的原因之一。从塑件背面来看，八个梅花瓣正对八个顶针，由于模具是由冷却水控制温度的，而顶杆是通过模具进行接触冷却的，因此其冷却效率大大降低，尤其顶杆的间隙大时，冷却效果更差。而 8 根顶杆间的金属，由于有 8 根距离很近的孔穿透，其散热也被大大弱化了，模温在该位置非常高，进而影响塑料熔体的温度差，最终造成制品产生光泽差别。解决的方法是加大顶杆直径，减小顶杆与模具间的间隙，同时增大顶杆间距（可能需要减少顶杆数量）。

(a) 正面

(b) 背面

图 3-88　塑料风扇中的光斑

3.1.35　包胶不牢及解决方法

包胶不牢缺陷是指采用二次包覆成型的塑件，塑件二次包覆的软胶易剥离脱落，如图 3-89 所示。二次包覆成型的工艺过程是，首先用第一种塑料成型内层零件，然后旋转动模，再用第二种塑料成型外层零件，使外层零件叠加在内层零件上，如常见的手机外壳等电子产品。对于电动工具行业，其塑件往往分两套模具，第一套模具用来成型内层制件，第二套模具用来包胶，第二层塑料一般为 TPE 类的软胶。该工艺常见的缺陷是包胶不牢、外观差、欠注等。

二次包覆成型工艺中，包胶不牢常用解决措施如下：

① 注塑结束后立即进行包胶，最好采用双色注塑。

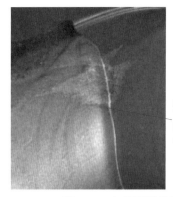

撕裂时，接触面出现图示白痕表示粘接效果较好

图 3-89　包胶不牢现象

② 包胶注塑时，内层材料包胶部位要干净清洁（不要人为进行清洁），无油污，无灰尘。

③ 发现包胶不牢后，应立即去除外层软胶，不可再进行二次包胶。

④ 注塑时，应采用较高的注射速度和偏高的熔体温度，有利于提高粘接牢固程度。

⑤ 包胶后应放置一段时间后再检测塑件的质量，才能判断包胶效果是否达标。

⑥ 被包胶部位的表面应避免使用脱模剂。

⑦ 塑料原料方面出现问题时，要从内外层材料两个方面来考虑，不能只考虑外层软胶的材料因素，被包胶材料对包胶效果也有影响，特别是硬胶内的助剂。

实际案例 <<<

（1）解决包胶不牢的案例一

某企业反映其批量投产的塑件突然出现包胶性能严重下降的现象，而且在 5 套模具同时出现。

第一天，技术员前往处理。当时客户正在生产的尼龙包胶模具总共有 8 套模具，其中 3 套模具包胶情况比较理想，而另外 5 套模具包胶力非常差，所采用的硬胶均为 PA6-G30 N104 本色加色粉配成 KA344 的颜色；经过现场观察，包胶力差的 5 套模具均采用点浇口，而且包胶层较薄。一般而言，FLEXBOND-1030 遇到点浇口的模具时，由于料温和压力在模具中衰减过快，容易出现包胶力下降的情况，技术员想通过调整注塑工艺提高包胶力，因此将注塑机的温度从 260℃ 提高到 290～300℃，并尽量提高注塑压力和速度。调整工艺后，只有 1 副模具得到了改善，而其他 4 套模具没有任何改善迹象；于是同该企业的车间主管商量，能不能通过施加模温的方式，提高包胶力。

第二天，技术员继续前往该企业处理。剩下的 4 套模具中有 2 套模具是加不上模温的，因此决定先将另外 2 套模具加上模温，将模温开到 80℃ 之后，其中 1 套模具的粘胶力有明显提高；另外一套模具因为使用时间太长，水路堵塞，模温达不到设定温度，因此粘胶力仍然没有提高。因此，技术员跟客户沟通，先将模具修好，次日再来处理。

第三天，技术员到达客户车间时，模具仍然没有修好，于是在不能加模温的模具上继续调整注塑工艺。技术员观察到注塑机喷嘴处的温控探头是直接压在加热片下面的，实际的熔体温度可能远远低于设定温度；于是将喷嘴处的温度不断升高，一直升高到 330℃，并尽量提高注塑压力和速度。技术员感觉粘接力有一定的提高，但当时客户的 QC（质量检测人员）已经下班，没有当面确认，与车间主管沟通，待第二天 QC 确认后再决定解决方案。

第四天，客户的 QC 表示昨天调整工艺之后的样品仍然达不到检测的标准，于是技术员又前往解决，随身携带了 1kg 左右马来酸酐接枝的 SEBS，到达客户的车间之后，按照 2％和 5％的比例，在 FLEXBOND-1030 本色中添加马来酸酐接枝 SEBS，仍然采用第三天的工艺，还是不能达到标准。万般无奈之际，客户的车间主任提示可以用 BAYER 的硬胶试试。技术员实在是找不到别的解决办法了，只能采纳他的建议，让客户用 BAYER 的本色料先做硬胶制品，刚好客户的注塑机上有 10kg 左右洗机剩下的 PA6-G30 N104 本色料，于是先用 N104 本色料注塑硬胶制品，再用 BAYER 的本色料注塑硬胶制品，然后再进行包胶。结果发现两个本色料的包胶效果都出奇的好，甚至可以将包胶的温度降到 260℃。这时候已经很明显地看出是附加的色粉影响了包胶的效果，于是，让客户将色粉厂的技术员叫到现场，经过了解情况后，原来是因为该颜色产品在国外货架上长期摆放后容易变色，客户在色粉中添加了耐候剂 UV531（6‰）。将色粉中的耐候剂 UV531 去掉之后，FLEXBOND-1030 本色的粘胶效果一下子就表现非常好了。

（2）解决包胶不牢的案例二

某企业注塑的塑料件，生产中出现粘胶力不够的缺陷。技术员到现场了解情况，操作人员反映包胶力不够的模具经常会出现粘胶力不够的问题，有时候通过工艺的调节和更换机台，使问题得到初步解决，但从来没有找到真正的原因。这一次问题出现之后，已经连续换了 5 次机台生产，反复调整工艺都没有解决，因此生产人员判断是软胶有问题。该塑件的硬胶部分采用 PA6（尼龙 6）本色，通过添加色粉配成红色，于是，技术人员先到配色室了解到色粉配方如下：镉红 300g、铬黄 60g、扩散粉 36g、其他色粉 14g。初步判定是因为色粉中的扩散粉引起包胶力下降，于是建议先去掉扩散粉，仅用本色料制作硬胶制件，再进行包胶。结果是扩散粉去掉之后，包胶效果非常好，并且不用提高模温包胶效果都十分良好。由此可见，尼龙硬胶中所添加的某些助剂的确会影响到下一步的包胶过程。

经验总结

加工温度过高，导致材料严重降解；回收的水口料中含有大量粉尘，在熔化中，粉尘影响塑料熔体的结合力，并带入更多的空气，也将严重影响包胶效果。

3.1.36 制品尺寸不稳定及解决方法

注塑制品的尺寸随成型周期延长而发生变化或者随环境变化而发生波动。

归纳总结

影响塑料制品尺寸不稳定的原因及对应措施如表 3-33 所示。

■ 表 3-33　影响塑料制品尺寸不稳定的因素

注塑工艺	①模温不均或冷却回路不当而导致模温控制不合理 ②注射压力低 ③注射保压时间不够或有波动 ④机筒温度高或注射周期不稳定

模具设计	①浇口及流道尺寸不均 ②型腔尺寸不准,收缩率没设对
注塑设备	①加料系统不正常 ②背压不稳或控温不稳 ③液压系统出现故障
材料方面	①换批生产时,树脂性能有变化 ②物料颗粒大小无规律 ③含湿量较大 ④更换助剂对收缩率有影响

3.1.37 白点及解决方法

采用 PS、PMMA、PC 等塑料时，由于一般的注塑机，其螺杆压缩比较小而导致塑料塑化不彻底，原料中可能出现无法塑化的颗粒或粉末，这些颗粒或粉末在透明塑件中就会呈现出白点，影响产品的外观质量。

 归纳总结

塑件出现白点的原因及改善方法如表 3-34 所示。

■ 表 3-34 制品出现白点的原因及改善方法

原因分析	改善方法
①注塑机螺杆的压缩比不够(塑化不良)	①更换压缩比较大的注塑机
②背压偏低或螺杆转数太低	②适当提高背压或螺杆转速
③熔料温度偏低或喷嘴温度较低	③提高熔料温度或喷嘴温度
④螺杆或料筒内壁损伤	④检查螺杆或料筒内壁,必要时需更换
⑤喷嘴与主浇口衬套配合不良	⑤重新对嘴或清理喷嘴头部余胶
⑥原料中含有难熔物质(异物)	⑥检查来料或更换原料(除粉末料斗外)

3.1.38 冷胶残留及解决方法

当采用热流道成型增强型塑料或者结晶速度快的塑料时，如果热流道浇口采用局部冷浇口的方式，而且热流道浇口为开放式浇口，那么在成型过程中，热流道浇口的对面往往会产生冷胶残留的现象，如图 3-90 所示。这是由于热流道浇口往往有熔体溢出到局部冷浇口内并固化，溢出的冷胶将在下一模次成型时被熔体推出，如果成型壁厚较厚的塑件，就会形成如图 3-90 所示的痕迹；如果塑件的壁厚较薄，则可能被推离浇口位置，在距离浇口一定距离的地方出现银丝状缺陷。

图 3-90 塑件上残留的冷胶

 **经验总结**

解决冷胶残留缺陷的方法有：

① 提高熔体温度。

② 提高热流道浇口位置温度。

③ 增大注塑机的螺杆松退程度，避免熔体溢出。

④ 在模具结构允许的情况下增设冷料井。

⑤ 在性能允许的情况下，减少玻纤含量或者降低材料结晶速度。

3.1.39 不规则沉坑及解决方法

塑件表面出现的非规则的、非圆滑的沉坑，容易被误导认为是缩痕，其实是熔体在型腔内流动时，由于制件结构突变，或者塑料易结晶固化等原因，前沿压力损失太大，导致前沿熔体流动时逐渐变薄，并固化停止，然后熔体从其他方向流经过来，重新包覆先前固化的前沿，当无法彻底包覆该前沿时，就造成了不规则的沉坑，如图 3-91 所示。

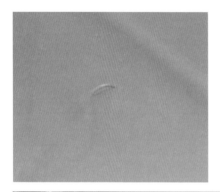
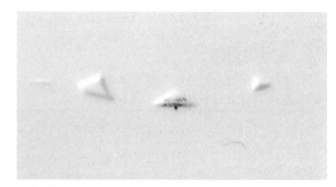
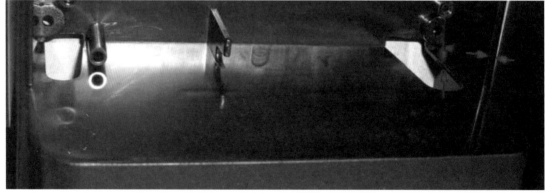

图 3-91　塑件上出现的不规则沉坑

经验总结

塑件出现不规则沉坑的常用的解决办法有：

① 降低注射速度。

② 提高注射压力，尤其是注射末端或者保压压力。

③ 避免制件厚度变化太大，或者结构突变。

④ 提高材料流动性。

3.2 产品缺陷的分析与处理

3.2.1 制品缺陷的调查与了解

在注塑成型过程中，当制品出现缺陷时，应重点掌握以下信息。

① 产生何种缺陷？它发生于何时（开始注塑时还是生产过程中）、何处？程度怎样？

② 缺陷发生的频率是多少（是每一次，还是偶然发生）？缺陷制品的数量有多少？

③ 模腔数是多少？注塑缺陷是否总是发生于相同的模腔（模穴）？

④ 该缺陷在成型时是否总是发生于相同的位置？

⑤ 该缺陷在模具设计/制造时是否已经被预估到会发生？ （一般地会进行模流Moldflow分析）

⑥ 该缺陷在浇口处是否已经明显发生？还是远离浇口部位？

⑦ 更换新的原料或色粉时，缺陷是否还会发生？

⑧ 换一台注塑机试试看，缺陷是否只在某一台注塑机发生，还是也发生于其他注塑机？

经验总结

在注塑成型过程中，当制品出现缺陷时，应按照以下流程进行调查与了解。

① 必须搞清楚问题的本质，如：

a. 问题是什么？

b. 什么时候发生的？

c. 发生在哪一部位？哪一个型腔？

d. 每模都发生还是偶尔有？

② 必须思考可能的原因有哪些。

③ 必须确认材料是否有问题，如：

a. 材料干燥吗？

b. 原材料质量好吗？

c. 回料质量好吗？（是否无长料杆，无其他杂料，无污物，无太多粉尘等）

d. 回料比添加合理吗，过程控制准确吗？

④ 必须确认模具是否有问题，如：

a. 水路、气路连接正确吗？

b. 型腔内部清洁吗？

c. 模具型腔有损坏吗？

⑤ 必须确认注塑机器是否有问题，如：

a. 注塑机的止回阀坏了吗？

b. 料筒磨损了吗？

c. 注塑时实际压力能达到吗？

特别注意：值得注意的是，一般情况下，在注塑过程稳定生产24h以上而没有任何问题出现的话，该生产工艺参数被认为是稳定并合理的。因此，在稳定生产过程中出现的问题不应是工艺参数问题，应主要查找其他方面。

3.2.2 处理制品缺陷的 DAMIC 流程

在处理注塑成型中出现缺陷时，可以采用图 3-92 所示的 DAMIC 流程进行。

图 3-92　DAMIC 流程图

① 定义：出现何种缺陷、它发生于什么时候、什么位置、频率如何、不良数/不良率是多少？

② 分析：产生该缺陷的相关因素有哪些？主要因素是什么？根本原因是什么？

③ 测量：MAS（Measurement System Analysis）分析，包括外观质量目测、内在质量分析、尺寸大小测量、颜色目测或采用色差仪进行检测。

④ 改善：制定改善注塑缺陷的有效方案/计划（该用什么方法），并组织实施与跟进。

⑤ 控制：巩固改善成果（记录完整的注塑工艺条件），对这一类结构所产生的缺陷进行总结/规范，将此种改善方法应用到其他类似的产品上，做到举一反三、触类旁通。

3.2.3 系统性验证与分析方法

注塑成型过程中发现制品出现了缺陷，可能的原因有多个，确定的方法一是凭经验，二是通过系统性的方法进行验证。

在开始验证前，必须先熟悉该此注塑成型的塑料物料、注塑机、注塑模具、注塑制品等详细的资料，并明确验证的目的。

（1）注塑成型的时间窗口

注塑件的质量只在一定的参数设定范围内获得保证。而这"一定的范围"常被称为注塑成型的时间视窗。只有在时间窗口中的参数设定才可生产废品率较低的注塑件。

（2）采用"容许误差法"来设定注塑过程

假设在生产的过程中，注塑件的品质出现问题，首先要做的是检查注塑机及模具的各部分，以确保加工温度、检查物料的焙干情况和比较各参数的设定值实际数据。

（3）转换参数的步骤

通过改变工艺参数的方法来查找问题原因的时候，每一次只可以改变一个参数并立刻记录下来。特别是当改变熔体温度和模壁温度时，如果要对注塑件作出评价，则必须先确定在生产的过程中，温度已达到要求的设定值。

3.2.4 用鱼刺图法查找缺陷原因

注塑成型过程中，影响制品质量的因素很多，但归纳起来，应从四个方面予以考虑，即塑料原料、注塑机、注塑模具和成型条件。

再进一步对具体的原因进行追溯，就会查找到具体原因，从而形成了所谓的鱼刺图，如图 3-93 所示。

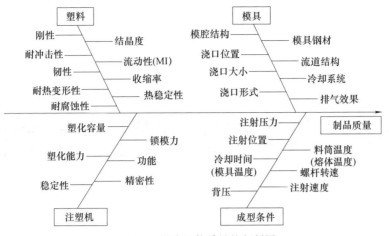

图 3-93　影响塑件质量的鱼刺图

第4章

注塑过程常见问题及解决方法

4.1 注塑过程常见问题及解决方法

4.1.1 下料不顺畅及解决方法

下料不顺畅是指注塑过程中，烘料桶（料斗）内的塑料原料有时会发生不下料的现象，从而导致进入注塑机料筒的塑料不足，影响产品质量。导致下料不顺畅的原因及改善方法如表 4-1 所示。

■ 表 4-1 下料不顺畅的原因及改善方法

原因分析	改善方法
①回用水口料的颗粒太大（大小不均）	①将较大颗粒的水口料重新粉碎（调小碎料机刀口的间隙）
②料斗内的原料熔化结块（干燥温度失控）	②检修烘料加热系统，更换新料
③料斗内的原料出现"架桥"现象	③检查/疏通烘料桶内的原料
④水口料回用比例过大	④减少水口料的回用比例
⑤熔料筒下料口段的温度过高	⑤降低送料段的料温或检查下料口处的冷却水
⑥干燥温度过高或干燥时间过长（熔块）	⑥降低干燥温度或缩短干燥时间
⑦注塑过程中射台振动大	⑦控制射台的振动
⑧烘料桶下料口或机台的入料口过小	⑧改大下料口孔径或更换机台

4.1.2 塑化时噪声过大及解决方法

塑化噪声是指在注塑过程中，螺杆转动对塑料进行塑化时，料筒内出现"叽叽"或"咯吱咯吱"的摩擦声音（在塑化黏度高的 PMMA、PC 料时噪声更为明显）。

塑化时噪声过大主要是由于螺杆的旋转阻力过大，导致螺杆与塑料原料在压缩段和送料段发生强烈的干摩擦所引起的。导致该现象的原因及改善方法如表 4-2 所示。

■ 表 4-2 塑化时噪声过大的原因及改善方法

原因分析	改善方法
①背压过大	①降低背压
②螺杆转速过快	②降低螺杆转速
③料筒（压缩段）温度过低	③提高压缩段的温度
④塑料的黏度大（流动性差）	④改用流动性好的塑料
⑤树脂的自润滑性差	⑤在原料中添加润滑剂（如：滑石粉）
⑥螺杆压缩比较小	⑥更换螺杆压缩比较大的注塑机

4.1.3 螺杆打滑及解决方法

注塑过程中，螺杆无法塑化塑料原料而只产生空运转的现象称为螺杆打滑。发生螺杆打滑时，螺杆只有转动行为，没有后退动作。导致该现象的原因及改善方法如表 4-3 所示。

■ **表 4-3 螺杆打滑的原因及改善方法**

原因分析	改善方法
①料管后段温度太高,料粒熔化结块(不落料)	①检查入料口处的冷却水,降低后段熔料温度
②树脂干燥不良	②充分干燥树脂及适当添加润滑剂
③背压过大且螺杆转速太快(螺杆抱胶)	③减小背压和降低螺杆转速
④料斗内的树脂温度高(结块不落料)	④检修烘料桶的加热系统更换新料
⑤回用水口料的料粒过大,产生"架桥"现象	⑤将过大的水口料粒挑拣出来,重新粉碎
⑥料斗内缺料	⑥及时向烘料桶添加塑料
⑦料管内壁及螺杆磨损严重	⑦检查或更换料管/螺杆

4.1.4 喷嘴堵塞及解决方法

注塑过程中，熔体无法进入模具流道的现象称为喷嘴堵塞。导致该现象的原因及改善方法如表 4-4 所示。

■ **表 4-4 喷嘴堵塞的原因及改善方法**

原因分析	改善方法
①射嘴中有金属及其他不熔物质	①拆卸喷嘴清除射嘴内的异物
②水口料中混有金属粒	②检查/清除水口料中的金属异物或更换水口料(使用离心分类器处理)
③烘料桶内未放磁力架	③将磁力架清理干净后放入烘料桶中
④水口料中混有高熔点的塑料杂质	④清除水口料中的高熔点塑料杂质
⑤结晶型树脂(如 PA、PBT)喷嘴温度偏低	⑤提高喷嘴温度
⑥喷嘴头部的加热圈烧坏	⑥更换喷嘴头部的加热圈
⑦长喷嘴加热圈数量过少	⑦增加喷嘴加热圈数量
⑧射嘴内未装磁力管	⑧射嘴内加装磁力管

4.1.5 喷嘴流延及解决方法

在对塑料进行塑化时，喷嘴内出现熔体流出的现象称为喷嘴流延。接触式注塑生产中，如果喷嘴流延，熔体流到主流道内，冷却的塑料会影响注塑的顺利进行（堵塞浇口或流道）或在塑件表面造成外观缺陷（如冷斑、缩水、缺料等），特别是流动性能好的塑料，如 PA 料，极容易产生喷嘴流延现象。导致喷嘴流延的原因及改善方法如表 4-5 所示。

■ **表 4-5 流延原因分析与改善方法**

原因分析	改善方法
①熔料温度或喷嘴温度过高	①降低熔料温度或喷嘴温度
②背压过大或螺杆转速过高	②减小背压或螺杆转速
③抽胶量不足	③增大抽胶量(熔前或熔后抽胶)
④喷嘴孔径过大或喷嘴结构不当	④改用孔径小的喷嘴或自锁式喷嘴
⑤塑料黏度过低	⑤改用黏度较大的塑料
⑥接触式注塑成型方式	⑥改为射台移动式注塑成型

4.1.6　喷嘴漏胶及解决方法

在注塑过程中，热的塑料熔体从喷嘴头部或喷嘴螺纹与料筒连接处流出来的现象称为喷嘴漏胶。喷嘴出现漏胶现象会影响注塑生产的正常进行，轻者造成产品重量或质量不稳定，重者会造成塑件出现缩水、缺料、烧坏发热圈等不良现象，从而影响产品的外观质量。导致喷嘴漏胶的原因及改善方法如表 4-6 所示。

■ 表 4-6　喷嘴漏胶原因与改善方法

原因分析	改善方法
①喷嘴与模具浇口贴合不紧密	①重新对嘴或检查喷嘴头与模具的匹配性
②喷嘴的紧固螺纹松动或损伤	②紧固喷嘴螺纹或更换喷嘴
③背压过大或螺杆转速过高	③减小背压或螺杆转速
④熔料温度过高或喷嘴温度过高（黏度低）	④降低喷嘴及料筒温度
⑤抽胶行程不足	⑤适当增加抽胶距离
⑥塑料黏度过低（FMI 指数较高）	⑥改用熔融指数（FMI）低的塑料

4.1.7　压模及解决方法

注塑过程中，如果制品或水口料（流道凝料）没有完全取出来或制品粘在模具上而操作人员又没有及时发现，则合模后留在模具内的制品或水口料会造成压伤模具，该现象被称为压模。压模是注塑生产中严重的安全生产问题，会造成生产停止，需拆模进行维修。某些尺寸精度要求高的模芯无法修复，需更换模芯，造成很大的损失甚至影响订单的交货期。因此，注塑生产中要特别预防出现压模事件，需合理设定模具的低压保护参数，安装模具监控装置。综上，压模的原因及改善方法如表 4-7 所示。

■ 表 4-7　压模原因及改善方法

原因分析	改善方法
①胶件粘前模	①改善胶件粘模现象（同改善粘模措施）
②模具低压保护功能失效	②合理设定模具低压保护参数
③全自动生产中未安装产品脱模监控装置	③在全自动生产中加装模具监控装置
④顶针板无复位装置	④加设顶针板复位装置
⑤作业员未发现胶件粘模	⑤对作业员进行操作培训并加强责任心
⑥全自动注塑的胶件粘模	⑥有行位和深型腔结构的产品不宜采用全自动生产，改为半自动生产模式
⑦水口（流道）拉丝	⑦清理拉丝并彻底消除水口拉丝现象

4.1.8　制品粘前模及解决方法

注塑过程中，制品在开模时整体粘在前模（定模）的模腔内而导致无法顺利脱模，这种现象称为塑品粘前模。导致该现象的原因及改善的方法如表 4-8 所示。

■ 表 4-8　制品粘前模的原因及改善方法

原因分析	改善方法
①射胶量不足（产品未注满），塑件易粘在模腔内	①增大射胶量
②注射压力及保压压力太高	②降低注射压力和保压压力
③保压时间过长（过饱）	③缩短保压时间
④末端注射速度过快	④减慢末端注射速度
⑤料温太高或冷却时间不足	⑤降低料温或延长冷却时间
⑥模具温度过高或过低	⑥调整模温及前、后模温度差

原因分析	改善方法
⑦进料不均使部分过饱	⑦变更浇口位置或浇口大小
⑧前模柱位及碰穿位有倒扣	⑧检修模具,消除倒扣
⑨前模表面不光滑或模边有毛刺	⑨抛光模具或省顺模边毛刺
⑩前模脱模斜度不足(太小)	⑩增大前模脱模斜度
⑪前模腔形成真空(吸力大)	⑪延长冷却时间或改善进气效果
⑫启动时开模速度过快	⑫减慢一段开模速度

4.1.9 水口料（流道凝料）粘模及解决方法

注塑过程中，开模后水口料（流道凝料）粘在模具流道内不能脱离出来的现象称为水口料粘模。水口料粘模主要是由于注塑机喷嘴与浇口套（主流道衬套）的孔径不匹配，水口料产生毛刺（倒扣）而无法顺利脱出模具所致。该现象的原因及改善方法如表4-9所示。

■ 表4-9　水口料粘模的原因及改善方法

原因分析	改善方法
①射胶压力或保压压力过大	①减小射胶压力或保压压力
②熔料温度过高	②降低熔料温度
③主流道入口与射嘴孔配合不好	③重新调整主流道入口与射嘴配合状况
④主流道内表面不光滑或有脱模倒角	④抛光主流道或改善其脱模倒角
⑤主流道入口处的口径小于喷嘴口径	⑤加大主流道入口孔径
⑥主流道入口处圆弧半径比喷嘴头部的半径小	⑥加大主流道入口处圆弧半径
⑦主流道中心孔与喷嘴孔中心不对中	⑦调整两者孔中心在同一条直线上
⑧流道口外侧损伤或喷嘴头部不光滑	⑧检修模具,修善损伤处,清理喷嘴头(防止产生飞边倒扣)
⑨主流道无拉料扣	⑨水口顶针前端做成"Z"形扣针
⑩主流道尺寸过大或冷却时间不够	⑩减小主流道尺寸或延长冷却时间
⑪主流道脱模斜度过小	⑪加大主流道脱模斜度

4.1.10 水口（主流道前端部）拉丝及解决方法

注塑过程中，水口（主流道前端部）在脱模时会出现拉丝的现象，如果拉丝留在模具上会导致合模时模具被压坏，如留在模具的流道内则会被后续熔体冲入型腔而影响制品的外观。PP、PA等流动性好的塑料在注塑时十分容易产生拉丝现象。该现象的产生原因及改善方法如表4-10所示。

■ 表4-10　水口拉丝的原因及改善方法

原因分析	改善方法
①料筒温度或喷嘴温度过高	①降低料筒温度或喷嘴温度
②喷嘴和浇口衬套配合不良	②检查/调整喷嘴
③背压过大或螺杆转速过快(料温高)	③减小背压或螺杆转速
④冷却时间不够或抽胶量不足	④增加冷却时间或抽胶量行程
⑤喷嘴流延或喷嘴形式不当	⑤改用自锁式喷嘴

4.1.11 开模困难及解决方法

注塑生产过程中，如果出现锁模力过大、模芯错位、导柱磨损、模具长时间处于高压锁模状态等现象而造成模具变形而产生"咬合力"，就会出现打不开模具的现象，这种现象统称为开模困难。尺寸较大的塑件、型腔较深的模具及或注塑机采用肘节式锁模机构时，上述不良现象较容易出现。导致该现象的原因及改善方法如表 4-11 所示。

■ 表 4-11　开模困难的原因及改善方法

原因分析	改善方法
①锁模力过大造成模具变形，产生"咬合"	①重新调模，减小锁模力
②导柱/导套磨损，摩擦力过大	②清洁/润滑导柱或更换导柱、导套
③停机时模具长时间处于高压锁紧状态	③停机时手动合模（勿升高压）
④单边模具压板松脱，模具产生移位	④重新发装模具，拧紧压板螺钉
⑤注塑机的开模力不足	⑤增大开模力或将模具拆下更换较大的机台
⑥模具排气系统阻塞，出现"闭气"	⑥清理排气槽/顶针孔内的油污或异物（疏通进气道）
⑦三板模拉钩的拉力（强度）不够	⑦更换强度较大的拉钩

特别注意：一般的铰链式合模机构的注塑机，其开模力只能达到额定锁模力的 80%左右。

4.1.12　热流道引起的困气及解决方法

采用针阀式浇口的热流道进行注塑成型时，如果采用的是半热半冷流道，如图 4-1 所示，则熔体在从针阀式热嘴流入冷流道过程中，冷流道中的空气必须能够顺畅、充分地排出，否则将会造成气体被该针阀式浇口流出的熔体包裹，从而导致制品产生气泡。

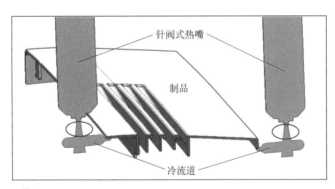

○：可能困气位置

图 4-1　热流道中容易困气的位置

而长时间生产的热流道模具，由于温度较高或者小分子挥发物积聚等原因，很可能导致与热流道相连接的冷流道的排气受到影响，如果冷流道本身没有排气或者排气效果很差，也可能导致气体进入模具型腔而在制品上产生气泡。

4.1.13　成型周期过长及解决方法

注塑生产过程中，成型周期非正常延长的原因及相应措施有以下几点：

① 塑料温度高，制品的冷却时间过长。因此，应降低料筒温度，减少螺杆转速或背压压力，调节好料筒各段温度。

② 模具温度高，熔体固化时间长，但是模具温度高往往有利于成型，并取得良好的

制品外观，因此，应有针对性地加强水道的冷却。

③ 成型时间不稳定。应采用自动或半自动模式进行成型。

④ 料筒供热量不足，造成塑化时间过长。应采用塑化能力大的机器或加强对塑料原料的预热。

⑤ 喷嘴流涎，注塑过程中，机器射料不稳定。应控制好料筒和喷嘴的温度或换用自锁式喷嘴。

⑥ 所制塑件壁厚过厚，塑件固化时间过长。应改进模具结果，尽量减小塑件的壁厚。

⑦ 材料的热传导系数低、结晶速率低也会造成成型周期过长，应减少材料中的矿物质填充比例。

⑧ 采用热流道模具也可减小成型周期。图 4-2 所示为某大型塑件，采用 CAE 进行模流分析，原模具采用普通流道，成型周期为 51.28s；改为热流道模具后，其成型周期仅为 25.63s。

(a) 实物照片

(b) 采用普通冷流道所需成型时间

(c) 采用热流道所需成型时间

图 4-2　采用热流道缩短成型时间

4.1.14　其他异常现象的解决方法

注塑生产过程中，由于受塑料原料、模具、注塑机器、成型工艺、操作方法、车间环境、生产管理等多方面因素的影响，注塑过程的异常现象会很多，除了上述一些不良现象外，还有可能出现诸如断柱、多胶等一种或多种异常现象，这些异常现象的原因及改善方法如表 4-12 所示。

■ 表 4-12　其他异常现象及改善方法

异常现象	缺陷原因	改善方法
断柱	①注射压力或保压压力过大 ②柱孔的脱模斜度不够或不光滑,冷却时间不够 ③熔胶材质发脆	①减小注射压力或保压压力 ②增大柱孔的脱模斜度、省光(抛光)柱孔 ③降低料温、干燥原料、减少水口料比例
多胶	模具(模芯或模腔)塌陷、模芯组件零件脱落、成型针/顶针折断等	检修模具或更换模具内相关的脱落零件
模印	模具(模芯或模腔)上凸凹点、模具碰伤、花纹、烧焊痕、锈斑、顶针印等	检修模具,改善模具上存在的此类问题,防止断顶针及压模
顶针位凹陷	顶针过长或松脱出来	减短顶针长度或更换顶针
顶针位凸起	顶针板内有异物、顶针本身长度不足或顶针头部折断	清理顶针板内的异物、加大顶针长度或更换顶针
顶针位穿孔	顶针断后卡在顶针孔内,变成了"成型针"	检修/更换顶针,并在注塑生产过程中添加顶针油(防止烧针)
顶针孔进胶	顶针孔磨损,熔料进入间隙内	扩孔后更换顶针、生产中定时添加顶针油、减小顶出行程、减少顶出次数、减小注射压力/保压压力/注射速度
断顶针	顶出不平衡、顶针次数多、顶出长度过大、顶出速度快、顶出力过大、顶针润滑不良	更换顶针,生产中定时打顶针油、减小顶出行程、减少顶出次数、减小注射压力/保压压力
断成型针	保压压力过大、成型针单薄(偏细)、材质不好、压模	更换成型针,选用刚性好/强度高的钢材,减小注射压力及保压压力,防止压模
字唛(印字块)装反	更换/安装字唛(印字块)时,字唛装错或方向装反	对照样板安装字唛或字唛加定位销

4.2　注塑过程的管理

4.2.1　注塑产品检测与检验

(1) 注塑产品的检测方法

① 项目合格的原则

a. 不影响产品最终用户的使用。

b. 不影响后工序或客户装配加工。

c. 不影响美观。

d. 可靠。

② 首检、巡检、成品检

a. 首检:

• 首检目的是使生产出来的零件符合设计和客户要求,防止批量的返工报废。

• 首检时机是每批生产前,物料更换后,异常处理后(修模、换芯子、顶针)。

• 送首检注意事项:送首检前车间调机员必须做好自检:检查产品与名称(车间计划单)与实物(图纸)是否相符,尤其注意结构问题;带颜色的配套产品,首先核对标准样品,再进行配套检验(不同机台、不同时段);外观无明显注塑缺陷;实装实配(尤其是新产品、另外修模、换芯子、顶针产品)。

b. 巡检：

• 巡检目的：及时发现生产过程中的异常，防止批量的返工报废。

• 巡检时机：每隔 2h，对各机台抽检 3 模。

• 巡检注意事项：从机器、材料、操作员、方法、管理因素入手，找出异常、分析异常、解决异常。

c. 成品检：

• 检验时机：车间已生产好成品，放在待检区域，操作员通知质检进行检验。

• 抽样标准：按照客户要求进行抽样；客户没有要求的，按照企业规范进行抽样。

• 检查内容包括标签、材质、外观、装配性、包装。

(2) 注塑产品的检验标准

① 检验环境　将待检制品放在 40W 日光灯或 60W 普通灯泡下 0.8～1m 位置，在 45°～135°方向，两眼距待检制品 30～45cm，正面可见部分停留 3～5s，其他面 2～3s。

② 产品检验严格度区分　Ⅰ类产品指的是不需喷漆的产品，如 DVR、墙盒面盖、卫星开关胶托、PHLIPS 客户天线等室内使用、表面要求高的产品；Ⅱ类产品指的是需喷漆的产品和室内天线产品（塑件相对大、价格便宜、出口到诸如非洲、南亚等一些不太发达的国家和地区）。

③ 同一款产品不同位置严格度区分

a. A 面：在正常的产品操作中可见部分，如产品的上盖、前端及接口处。

b. B 面：在正常的产品操作中不常可见的表面，如产品侧面。

c. C 面：在正常操作中不可见的表面，如产品底面。

d. D 面：指产品结构的非外露面，如产品的内表面及内表面的结构件。

④ 产品不合格分类

a. 致命缺陷：经验和判定表明，对使用、维护或依赖产品的个人造成危险或不安全的不合格情况。

b. 严重缺陷：不是致命缺陷，但为了达到预期的目的，很可能导致产品失效或大大降低使用效率的一种不合格情况。

c. 轻缺陷：为达到预期的目的，不可能大大降低产品的使用效率，但对产品有很小影响的一种不合格情况。

⑤ 注塑制品具体产品检验缺陷分类

a. 材质缺陷：料用错，含杂料，未经确认大比例使用水口料（重缺陷）。

b. 外观：

• 出现在Ⅰ类产品 B 面、C 面以及Ⅱ类产品，A、B 面、C 面不明显的刮花、缩水、料流纹、色差、顶白（轻缺陷）。

• 出现在Ⅰ类产品 A 面比较明显的刮花、缩水、料流纹、色差、顶白和影响装配的熔接纹、料头（重缺陷）。

c. 产品结构（装配性）缺陷：导致产品不能与相配零件组装，影响了使用的缺陷（重不合格）。例如：上下盖组装后错位严重、螺牙不配合、锁螺丝后柱子开裂、冲拉杆孔位开裂……

d. 产品性能缺陷：导致产品达不到设计预期功能的缺陷（重缺陷）。例如：喷漆的漆脱落，电镀件镀层脱落，钢材硬度、强度不合格，电气连接断路、短路，衰减反射不达标等。

e. 包装缺陷：可能会导致产品出现刮花质量隐患或未按要求加相应的包装材料保护膜、胶袋（重缺陷）。

⑥ 总的判定原则

a. 注塑件的生产过程中以"零缺陷"的理念去检验产品、控制生产，帮助车间分析缺陷原因。

b. 生产出的成品注塑件视客户、产品种类，若外观存在轻缺陷，则不影响装配的就可以接收。

c. 色差只要不是错色，配套产品色差不大就可接受。

d. 引起装配不良（冲拉杆孔开裂，锁螺钉孔位滑牙，烧焦，柱子变形影响装配，连接处缝大、断裂、扣不紧、错位）的缺陷产品则须判退。

⑦ 注塑件检验技巧

a. 表面外观：

• 表面无毛边、熔接纹、气泡、水花纹、变形、划伤。

• 看色差（注意组合看）。

• 看进料口不可有拉伤、分层。

• 修毛边位有无修伤。

b. 结构部位

• 螺钉柱、通孔位不可有堵孔、孔（大、小）、变形、发白、熔接纹。

• 连接处不可有裂痕或断裂。

• 螺纹不可有滑丝、扭不进的情况。

c. 试装、试喷。

4.2.2 开机前的准备工作

① 合上注塑机总电源开关，检查设备是否漏电，按设定的工艺温度要求给机筒、模具进行预热，在机筒温度达到工艺温度时必须保温 20min 以上，确保机筒各部位温度均匀。

② 打开油冷却器冷却水阀门，对回油及运水喉进行冷却，点动启动油泵，未发现异常现象，方可正式启动油泵，待荧屏上显示"马达开"后才能运转动作注意马达反转，检查安全门的作用是否正常。

③ 手动启动螺杆转动，查看螺杆转动声响有无异常及卡死。

④ 操作工必须使用安全门，如安全门行程开关失灵时则不准开机，严禁不使用安全门（罩）操作（对员工强调）。

⑤ 运转设备的电器、液压及转动部分的各种盖板，防护罩等要盖好，固定好。

⑥ 非当班操作者，未经允许任何人都不准按动各按钮、手柄，不许两人或两人以上同时操作同一台注塑机。

⑦ 安放模具、嵌件时要稳准可靠，合模过程中发现异常应立即停车，通知技术人员排除故障。

⑧ 机器修理或较长时间（10min 以上）清理模具时，一定要先将注射座后退使喷嘴离开模具，关掉马达，维修人员修机时，操作者不准脱岗。

⑨ 有人在处理机器或模具时任何人不准启动电机马达。

⑩ 身体进入机床内或模具开档内时，必须切断电源。

⑪ 避免在模具打开时，用注射座撞击定模，以免定模脱落。

⑫ 对空注射一般每次不超过 5s，连续两次注不动时，注意通知邻近人员避开危险区。清理射嘴胶头时，不准直接用手清理，应用铁钳或其他工具，以免发生烫伤。

⑬ 熔胶筒在工作过程中存在着高温、高压及高电力，禁止在熔胶筒上踩踏、攀爬及搁置物品，以防发生烫伤、电击及火灾事故。

⑭ 在料斗不下料的情况下，不准使用金属棒、杆粗暴地捅料斗，避免损坏料斗内分屏、护屏罩及磁铁架，若在螺杆转动状态下则极易发生金属棒卷入机筒的严重损坏设备事故。

⑮ 机床运行中发现设备有响声异常、异味、火花、漏油等异常情况时，应立即停机，并向有关人员报告，说明故障现象及可能的原因。

4.2.3 注塑过程的操作规范

"产品质量，人人有责"，优质产品是生产制造和管理出来的，而不是检验出来的。目标是品质优异，客户满意，一次成型合格率达 98% 以上。要达到上述目标，全体员工必须提高质量意识和工作责任心，并按如下要求做好各项工作。

① 产品试模时，需参照"成型工艺记录表"内的工艺参数调机，开模样板需经 QC（质量检测人员）检查确认后，方可批量生产。

② 操作工开机前必须向管理人员或品检人员问清楚有关产品开机要求、质量要求、加工要求、包装要求及注意事项，严禁在不熟悉产品质量标准的情况下开机操作。

③ 操作工开机时必须严格按机位"作业指导书"的要求去操作和控制产品质量，不得将不合格产品流入成品箱中。

④ 操作工需按要求对每模产品的外观质量进行自检，每 30min 对照一次样品，对其内部结构进行认真检查，留意是否有断柱、盲孔、缺胶等不良现象，发现问题应立即停机通知管理人员改善。

⑤ 保持工作台面干净整洁，产品要轻拿轻放，并将产品外表面朝上摆放（不可倒置）于台面上，且工作台上不可堆积过多产品。产品从模具中取出时需小心操作，勿让产品碰到模具或产品互相碰撞，防止碰伤或刮伤产品。

⑥ 剪水口需小心操作，水口位应剪平，勿剪伤或批伤产品。产品周边轻微批峰用铜棒或顶针杆滚压毛边，用力不可过大，且要均匀一致，防止碰伤或刮伤产品。

⑦ 生产过程中若发现正品内有不良品时，应予以分开摆放（隔开），并标识清楚，领班/组长需及时安排人手对其进行返工处理。

4.2.4 注塑白色或透明产品时的特别措施

为严格控制塑胶件表面黑点，提高产品质量、减少原料和人工浪费，降低成本，可制定预防措施如下。

① 打料或混料前应将打料机或混料机内的剩料或粉尘彻底清理干净后，才能开机打料或混料。

② 打料时，若发现有被污染或有黑点的水口料之废品，则必须挑出来经处理后（如：

清洁油污、气枪吹掉灰尘等），才能打碎，严禁打错料、打混料。

③ 所有打好或混好的料，装入料袋后，必须及时将料袋口封存严并做好标识。

④ 所有装料的胶袋或加料的工具必须彻底清理干净。

⑤ 保持打料、混料场所清洁无尘，混料机需随时盖好盖子，下料后料闸口处的料应及时清理干净，并关好料闸。

⑥ 机位烘料桶必须清理干净，进风口需用防尘布包住，防止灰尘进入烘料桶内。

⑦ 加料前需先将料袋外面及底部的灰尘清理干净，方可加料，加料后若料袋中剩有原料，应及时将料袋口封好。

⑧ 料斗中的料不准加得太满，并要随时盖严料斗盖，防止空气中的灰尘落入料斗中。

⑨ 将水口胶桶（箱）内的异物和灰尘清理干净后，方可装水口料或废品。

⑩ 开模调机时，严禁用脏手去拿产品及水口，必须戴上干净手套或者洗干净手再去拿。

⑪ 有油污或黑点的产品及水口料，必须与干净废品或水口料分开摆放，严禁混装在一起。

⑫ 所有被污染或黑点多的不良产品（包括水口料）必须做黑色料或废料处理，较大胶件中的黑点应用刀挑出，才能放入水口胶桶中。

⑬ 水口料或废品（包括产品）落在地面上时，应及时拣起来并将其擦干净（或吹干净），严禁任何人将被污染（黑点多）的水口料或产品扔进干净的水口胶桶中。

⑭ 水口或废品满一筐/桶时，应及时粉碎成水口料，来不及粉碎时，应盖上塑料薄膜袋。

⑮ 做好开机/停机时的清机、洗泡工作，防止料筒中原料因料温过高或受热时间过长而出现炭化现象。

4.2.5 机位上水口料（流道凝料）的管理

为防止水口料受到二次污染和碎料时损坏碎料机的刀片，杜绝水口料中出现异物，确保生产正常运行，注塑过程中，应按以下要求去管理机位上的水口料。

① 盛装水口料的胶桶使用前需检查一下，如有油污、灰尘、异物等应清理干净。

② 盛装水口料的胶桶需分类使用，新胶桶专用于盛装透明或白色产品的水口。

③ 严禁向盛装水口料的胶桶中扔异物（如：不同色/不同料的胶件或水口、纸片、污染的胶头及五金工具等）。

④ 生产过程中机位啤工、技工、组长、助理员（班长）、领班等均需严格控制水口料，防止水口料污染或混有杂物。

⑤ 各级管理人员平时巡机时均需检查机位水口料胶桶中是否有异物，发现问题应及时调查产生的原因，并追查相关人员之责任。

⑥ 胶桶装满水口料/废品时，需贴上标签（标识纸），注明日期、班别、机台及原料/色粉编号，以便发现问题时，能追查相关人员的责任。

⑦ 水口房人员需对生产过程中机位水口料进行巡查，发现问题应及时上报处理。

⑧ 碎料人员在碎料前需仔细检查水口料中是否有异物（如：不同料的产品/水口、胶头、碎布、纸片及五金工具等），水口料中若有异物，则必须及时查明责任人并上报处理。

4.2.6 水口料（流道凝料）回收使用管理

① 透明产品的水口料不可回用（只能做为它用）。

② 结构简单（无扣脚、无螺钉柱）的内装件可用全水口料注塑。

③ 结构较复杂且需受力的内装件，可加 30% 左右的水口料（需检测其强度）。

④ 外观要求较高、结构复杂的产品，最好不加水口料，最多可考虑加 25% 以内的水口料。

⑤ 外观要求一般、结构较简单且非受力的产品，可加 50% 左右的水口料。

⑥ 白色产品要视水口料干净情况来添加（最好不加），无黑点的水口料在结构简单的产品中可加 25%，复杂结构的白色产品加 15% 的水口料。

⑦ 水口料的添加要视产品的功能、作用、受力情况及外观要求而定。

⑧ 添加水口料的比例超过 40% 时，必须交样板给品管部测试强度和功能，并检查颜色是否一致。

⑨ 可以添加水口料的产品，在啤货过程中（开始一个班生产的产品用全原料外），所加入的水口料用量应均匀一致，避免添加的水口料量忽多忽少，影响产品质量的稳定性。

⑩ 严禁随意添加水口料或更改水口料比例。

⑪ 改变水口料添加的比例时，必须经过工程部门批准、品管部确认。

⑫ 已被污染（含有其他颜色、原料 或黑点、油污）的水口料严禁加入浅色料中。

4.2.7 注塑生产的组织与日常管理

注塑生产过程中，往往随着产品的改变、规模的扩大等而发生产量下降、质量不达标、员工相互间埋怨等混乱现象。因此，如何组织注塑生产是管理者经常需要面对的问题。

(1) 制订计划

计划是任何经济管理工作的首要职能，是一切现代化大生产的共同特点，是各项工作的指南，是动员和组织企业职工完成用户需要的产品的重要工具。

车间管理的计划职能首先是制订整个车间的活动目标和各项技术经济指标，它能使各道工序以及每个职工都有明确的奋斗目标，能把各个生产环节互相衔接协调起来，使人、财、物各要素紧密结合，形成完整的生产系统。

有了计划就有了行动的方向和目标；有了计划就有了检查工作改进工作的依据；有了计划就有了衡量每个单位、每个职工工作成果的尺度。

车间不参与对厂外的经营活动。车间制订计划的依据是企业下达的计划和本车间的实际资源情况。车间除每年制订生产经营和目标方针外，主要是按季、月、日、时制定生产作业计划，质量、成本控制计划，设备检修计划。

(2) 组织指挥

组织指挥，是执行其他管理职能不可缺少的前提，是完成车间计划，保证生产，使之发展平衡，并进行调整的重要一环。

车间组织指挥的职能：一是根据车间的目标，建立、完善管理组织和作业组织，如管理机构的设置，管理人员的选择和配备，劳动力的组织和分配等；二是通过组织和制度，运用领导艺术，对工段、班组和职工进行布置、调度、指导、督促，使其活动朝着既定的目标前进，使相互之间保持行动上的协调。

（3）监督控制

监督就是对各种管理制度的执行，对计划的实施，对上级指令的贯彻过程进行检查、督促，使之付诸实现的管理活动。控制就是在执行计划和进行各项生产经营活动过程中，把实际执行情况同既定的目标、计划、标准进行对比，找出差距，查明原因，采取措施的管理活动。

（4）生产服务

由于车间是直接组织生产的单位，因此生产服务作为车间管理的一项职能是十分必要的。生产服务的内容：一是技术指导，在生产过程中，要经常帮助职工解决技术上的难题，包括改进工艺过程、设备的改造和革新等；二是车间设备的使用服务和维修服务；三是材料和动力服务等；四是帮助工段、班组对车间以外单位进行协调和联系；五是生活服务。

（5）激励士气

企业经营效果的好坏，其基础在于车间生产现场职工的士气。因为，在一定条件下，人是起决定性作用的因素，而车间负有直接激励职工士气的职责。激励士气，就是通过各种方法，调动职工的积极性和创造性，广泛地吸收职工参加管理活动，充分利用他们的经验和知识，使人的潜力得到充分发挥，提高工作效率，保证车间任务的完成。

车间管理的全部职能都是相互联系相互促进的。履行这些职能的有车间主任、副主任、工段长、班组长及车间职能人员。

注塑成型实操经验总结

5.1　关于提高注塑产品的质量的几点经验

5.1.1　应针对不同的塑料选择不同类型的螺杆

（1）螺杆参数对注塑效果的影响

螺杆基本结构如图 5-1 所示，主要由有效螺纹长度 L 和尾部的连接部分组成，螺杆头部设有安装螺杆头的反向螺纹。

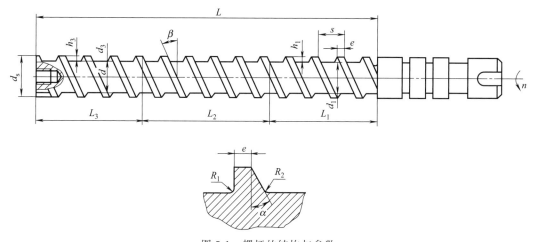

图 5-1　螺杆的结构与参数

①　d_s——螺杆外径。螺杆直径大小直接影响着塑化能力的大小，也就直接影响到理论注射容积的大小。因此，理论注射容积大的注塑机其螺杆直径也大。

②　L/d_s——螺杆长径比。螺杆长径比愈大，说明螺纹长度愈长，直接影响到塑料在螺槽中输送的热历程，影响吸收能量的能力。此能量分两部分：一部分是料筒外面加热圈传给的；一部分是螺杆转动时产生的摩擦热和剪切热。因此，L/d_s 直接影响到塑料的熔化效果和熔体质量，因此，从塑化效果方面考虑，L/d_s 的值越大越好。但是如果 L/d_s 值太大，则传递扭矩加大，能量消耗增加。通常，L/d_s 数值在 16～25 之间。

③　L_1——加料段长度。加料段又称输送段或进料段。为提高输送能力，螺槽表面一定要光洁。L_3 的长度应保证塑料有足够的输送长度，一般 $L_3=(9\sim10)d_s$。

④ L_2——塑化段（压缩段）螺纹长度。塑料在此锥体空间中不断地受到压缩、剪切和混炼作用，塑料从 L_2 段入点开始，熔池不断地加大，到出点处熔池已占满全螺槽，塑料完成从玻璃态经过黏弹态向黏流态的转变，从固体向熔体的转变。L_2 长度会影响塑料从固态到黏流态的转化历程，太短会来不及转化，固体料堵塞在 L_2 段的末端，形成很高的压力、扭矩或轴向力；太长也会增加螺杆的扭矩和不必要的能耗，一般 $L_2 = (6 \sim 8)d_s$。对于结晶型的塑料，塑料熔点明显，熔融范围窄，所以 L_2 可短些，一般取 $(3 \sim 4)d_s$。

⑤ L_3——熔融段（均化段、计量段）螺纹长度。熔体在 L_3 段的螺槽中得到进一步的均化：温度均匀，黏度均匀，组分均匀，分子量分布均匀，形成较好的熔体质量。L_3 长度有助于稳定熔体在螺槽中的波动，有稳定压力的作用，使塑料以均匀的料量从螺杆头部挤出，所以又称计量段。一般 $L_3 = (4 \sim 5)d_s$。

⑥ h_1——加料段的螺槽深度。h_1 越大，则螺杆容纳的塑料越多，从而提高了供料量，但过大的螺槽深度会影响塑料塑化效果以及螺杆根部的剪切强度。一般 $h_1 \approx 0.12 \sim 0.16 d_s$。

⑦ h_3——熔融段螺槽深度。h_3 小，螺槽浅，可以提高塑料的塑化效果，有利于熔体的均化。但 h_3 过小会导致剪切速率过高，以及剪切热过大，引起大分子链的降解，影响熔体质量。反之，如果 h_3 过大，则由于在预塑时，螺杆背压产生的回流作用增强，会降低塑化能力。所以合适的 h_3 应由压缩比 ε 来决定：

$$\varepsilon = \frac{h_1}{h_3} \tag{5-1}$$

对于结晶型塑料，如 PP、PE、PA 以及复合塑料，ε 取 $3 \sim 3.5$；对黏度较高的塑料，如 VPVC、ABS、HIPS、AS、POM、PC、PMMA、PPS 等，ε 取 $1.4 \sim 2.5$。

⑧ s——螺距，其大小影响螺旋角 β，从而影响螺槽的输送效率，一般 $s \approx d_s$。

⑨ e——螺棱宽度，其宽窄影响螺槽的容料量、熔体的漏流以及螺棱耐磨损程度，一般 $(0.05 \sim 0.07)d_s$。

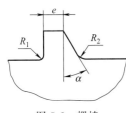

图 5-2 螺棱

⑩ 螺棱后角 α，螺棱推力面圆角 R_1 和背面圆角 R_2 的大小影响螺槽的有效容积、塑料的滞留情况以及螺棱根部的强度等，一般 $\alpha = 25° \sim 30°$，$R_1 = (0.3 \sim 0.5)R_2$，如图 5-2 所示。

⑪ ε——压缩比。压缩比是指计量段螺槽深度 h_1 与均化段螺槽深度 h_3 之比，即 $\varepsilon = h_1 / h_3$。压缩比大，会增强剪切效果，但也会减弱塑化能力，相对于挤出螺杆，压缩比应取用得小些为好，以有利于提高塑化能力和增加对塑料的适应性。对于结晶型塑料，如聚丙烯、聚乙烯、聚酰胺以及复合塑料，一般取 $\varepsilon = 2.6 \sim 3.0$；对高黏度的塑料，如硬聚氯乙烯、丁二烯与 ABS 共混、高冲击聚苯乙烯、AS、聚甲醛、聚碳酸酯、有机玻璃、聚苯醚等，ε 约为 $1.8 \sim 2.3$，通用型螺杆 ε 可取 $2.3 \sim 2.6$。

根据上述分析，在生产实践中，为了方便螺杆的选择，根据塑化效果不同，将螺杆分为渐变型螺杆、突变型螺杆、通用型螺杆。

a. 渐变型螺杆：压缩段较长，塑化时能量转换缓和，多用于聚氯乙烯等软化温度范围较宽的、高黏度的非结晶型塑料。

b. 突变型螺杆：压缩段较短，塑化时能量转换较剧烈，多用于聚烯烃、聚酰胺类的结晶型塑料。

c.通用型螺杆：适应性比较强的通用型螺杆，可适应多种塑料的加工，避免频繁更换螺杆，有利提高生产效率。通用型螺杆的压缩段长度介于渐变螺杆和突变螺杆之间。但通用型螺杆也绝非是"万能"螺杆，对某些有特殊注塑工艺要求的塑料，还需要配备特殊螺杆。

上述三类螺杆各段长度比例及适用特点如表5-1所示。

■ 表5-1 三类螺杆各段长度比例及适用特点

螺杆类型	加料段（L_1）	压缩段（L_2）	均化段（L_3）	适用特点
渐变型	25%～30%	50%	15%～20%	软化温度范围较宽的、高黏度的非结晶型塑料
突变型	65%～70%	15%～5%	20%～25%	聚烯烃、聚酰胺类的结晶型塑料
通用型	45%～50%	20%～30%	20%～30%	适用于大多数塑料的加工

（2）几种常用塑料注塑时的螺杆选用

① PVC（聚氯乙烯） PVC为热敏性塑料，一般分为硬质和软质，其区别在于原料中加入增塑剂的多少，少于10%的为硬质，多于30%的为软质。

PVC的特性：

a.无明显熔点，60℃变软，100～150℃时为黏弹态，140℃时熔融，同时分解，170℃分解迅速，软化点接近于分解点，分解释放于HCl气体。

b.热稳定性差，温度、时间都会导致分解，流动性差。

对于注塑PVC的螺杆应注意以下要点：

a.温度控制严格，螺杆设计尽量要低剪切，防止过热。

b.螺杆、料筒要防腐蚀。

c.注塑工艺需严格控制。

d.一般来说，螺杆参数为$L/D=16～20$，$h_3=0.07D$，$\varepsilon=1.6～2$，$L_1=40\%L$，$L_2=40\%L$。

e.为防止藏料，无止逆环，头部锥度为20°～30°，对软胶较适应；如制品要求较高，可采用无计量段，分离型螺杆，此种螺杆对硬质PVC较适合；而且为配合温控，加料段螺杆内部加冷却水或油孔，料筒外加冷水槽或油槽，温度控制精度为±2℃左右。

② PC（聚碳酸酯）

PC的特性：

a.非结晶型塑料，无明显熔点，玻璃化温度为140～150℃，熔融温度为215～225℃，成型温度为250～320℃。

b.黏度大，对温度较敏感，在正常加工温度范围内热稳定性较好，300℃下长时间停留基本不分解，超过340℃开始分解，黏度受剪切速率影响较小。

c.吸水性强。

对于注塑PC的螺杆应注意以下要点：

a.针对其热稳定性好、黏度大的特性，为提高塑化效果尽量选取大的长径比，一般取26。由于其融熔温度范围较宽，压缩段可较长，故采用渐变型螺杆。$L_1=30\%L$，

$L_2 = 46\%L$。

b. 压缩比 ε：渐变度 A 需与熔融速率相适应，但目前融熔速率还无法快递精确计算得出，根据 PC 从 225℃ 熔化至 320℃ 之间可加工的特性，其渐变 A 值可相对取中等偏上的值，在 L_2 较大的情况下，普通渐变型螺杆 $\varepsilon = 2 \sim 3$，A 一般取 2.6。

c. 因其黏度高，吸水性强，故在均化段之前、压缩段之后于螺杆上加混炼结构，以加强固体床解体，同时，可使其中夹带的水分变成气体逸出。

d. 其他参数如 e、s、α 以及与料筒的间隙都可与其他普通螺杆相同。

③ PMMA（有机玻璃）

PMMA 的特性：

a. 玻璃化温度为 105℃，熔融温度大于 160℃，分解温度为 270℃，成型温度范围很宽。

b. 黏度大，流动性差，热稳定性较好。

c. 吸水性较强。

对于注塑 PMMA 的螺杆应注意以下要点：

a. 选取长径比为 20～22 的渐变型螺杆，根据其制品成型的精度要求一般 $L_1 = 40\%L$，$L_2 = 40\%L$。

b. 压缩比 ε 一般选取 2.3～2.6。

c. 针对其有一定亲水性，故在螺杆的前端采用混炼环结构。

d. 其他参数一般可按通用螺杆设计，与料筒间隙不可太小。

④ PA（尼龙）

PA 的特性：

a. 结晶型塑料，种类较多，种类不一样，其熔点也不一样，且熔点范围窄，一般所用 PA66 其熔点为 260～265℃。

b. 黏度低，流动性好，有比较明显的熔点，热稳定性差。

c. 吸水性一般。

对于注塑 PA 的螺杆应注意以下要点：

a. 选取长径比为 18～20 的突变型螺杆。

b. 压缩比一般选取 3～3.5，为防止过热分解 $h_3 = (0.07 \sim 0.08)D$。

c. 因其黏度低，故止逆环处与料筒间隙应尽量小，约为 0.05，螺杆与料筒间隙约为 0.08，如有需要，视其材料，前端可配止逆环，射嘴处应自锁。

d. 其他参数可按通用螺杆设计。

⑤ PET（聚酯）

PET 的特性：

a. 熔点为 250～260℃，吹塑级 PET 则成型温度较广一点，大约为 255～290℃。

b. 吹塑级 PET 黏度较高，温度对黏度影响大，热稳定性差。

对于注塑 PET 的螺杆应注意以下要点：

a. L/D 一般取 20，三段分布 $L_1 = (50\% \sim 55\%)L$，$L_2 = 20\%L$。

b. 采用低剪切、低压缩比的螺杆，压缩比 ε 一般取 1.8～2，同时为防止剪切过热导致变色或不透明，设置 $h_3 = 0.09D$。

c. 螺杆前端不设混炼环，以防过热、藏料。

d. 因这种材料对温度较敏感，而一般厂家多用回收料，为提高产量，一般采用的是低剪切螺杆，所以可适当提高马达转速，以达到目的。同时在使用回收料方面（大部分为片料），根据实际情况，为加大加料段的输送能力，也采取了加大落料口径在料筒里开槽等方式，取得了比较好的效果。

5.1.2 留意影响注塑质量的三个塑料指标

(1) 塑料的收缩

① 收缩的原因

a. 热胀冷缩。

b. 熔体结晶（结晶度越高，熔体收缩越严重）。

c. 分子取向（一般来说，分子总是沿着流动方向取向的，对于未增强型材料，其熔体在流动方向上的收缩总是大于垂直方向；对于增强型材料，正好相反）。

d. 状态变化。

② 收缩的阶段　收缩从注射开始就随着熔体的逐步冷却而开始，它包括以下三个阶段：

a. 从注射开始到保压结束。

b. 从冷却开始到脱模前。

c. 脱模后。

③ 变形　变形的根本原因是收缩的不均匀。造成收缩不均匀的原因有：

a. 冷却（即温度分布）不均匀。

b. 壁厚不均匀。

c. 压力分布不均匀。

d. 分子取向。

e. 脱模受力不均。

(2) 塑料的结晶

① 结晶的概念：简单而言，结晶就是指分子的有序排列。

② 结晶的影响因素：结晶的影响因素主要是冷却速度，冷却速度越快，结晶程度越低。

③ 结晶对制品性能的影响：结晶度越高，密度越大，收缩越大，光洁度越好，强度越高，但制品的韧性越差。

(3) 塑料的黏度

① 黏度概念　黏度是流体本身的一种性能，它的大小是对流体流动性能的一种衡量，数值越大，流体的流动性能越差。

② 黏度的影响因素

a. 温度。

b. 剪切速度。

c. 压力。

值得注意的是，往往黏度是温度、剪切速度和压力三者共同作用的结果，不同的材料对温度、剪切速度和压力的敏感程度是不同的，并且在不同的注射速度下哪一个起主导作用也是不同的。通常情况下，对温度敏感材料如 PA、PC 等，在高速注射的情况下是剪切速度起主导作用（因此，对于薄壁塑件或含薄壁部分的产品宜采用高速注射）。

5.1.3　留意影响注塑质量的几个工艺参数

(1) 料筒温度（原料温度）

考虑到原料和制品的厚度，一般而言，料筒温度应被设置在高于原料额定熔化温度以上 $10 \sim 20 \, ^\circ\text{C}$ 的位置。非晶体原料如 PS、ABS 等，没有一个确定的熔点，因而料筒温度应参考熔体流动指数（MI）及螺旋工艺线（SPR）。近年来，各种小型和/或大型塑料制品不断出现，这使得 L/T（原料流动长度/产品温度）成为一个相当重要的参数，当 L/T 大的时候，最好将料筒的温度设置为比一般温度高，从而促进流动。表 5-2 列出了一些常用塑料原料的典型料筒温度设置。

■ 表 5-2　常见塑料的料筒温度设置　　　　　　　　　　　　　　　　　　　　　℃

原料	熔点	料筒温度						
		（喷嘴）					（下方料斗）	
		1H	2H	3H	4H	5H	6H	7H
高密度聚乙烯 High Density Polyethelene (HDPE)	135	210 (180~260)	210 ←	210 ←	210 ←	210 ←	210 ←	190 (170~220)
聚丙烯 Polyproplene (PP)	168	190 (160~250)	190 ←	190 ←	190 ←	190 ←	190 ←	180 (150~200)
TSOP-1	168	200 (190~210)	200 ←	200 ←	200 ←	200 ←	200 ←	180 (170~190)
TSOP-5	168	200 (190~210)	200 ←	200 ←	200 ←	200 ←	200 ←	180 (170~190)
聚苯乙烯 Polystyrene (PS)	—	210 (180~250)	210 ←	200 ←	200 ←	200 ←	200 ←	180 (160~200)
ABS	—	220 (180~260)	220 ←	210 ←	210 ←	210 ←	210 ←	200 (170~210)
聚甲基丙烯酸甲酯 (PMMA)	—	240 (210~260)	240 ←	240 ←	240 ←	240 ←	240 ←	230 (180~240)
Noryl (PPO)（变形 PPO）	—	280 (240~290)	280 ←	280 ←	280 ←	280 ←	280 ←	260 (230~270)
尼龙 6 (PA6)	220	240 (230~250)	240 ←	240 ←	240 ←	240 ←	240 ←	220 (200~230)
尼龙 6 G30 (PA6 G30)	220	280 (250~290)	280 ←	280 ←	280 ←	280 ←	280 ←	260 (240~260)
尼龙 66 (PA66)	260	275 (270~280)	275 ←	275 ←	275 ←	275 ←	275 ←	260 (240~260)
尼龙 66 G30 (PA66 G30)	260	280 (270~290)	280 ←	280 ←	280 ←	280 ←	280 ←	260 (250~270)
聚碳酸酯 Polycarbonate (PC)	—	280 (270~310)	280 ←	280 ←	280 ←	280 ←	280 ←	260 (250~270)

（2）注射压力

注射和保压是决定注塑制品质量的非常重要的条件。注射压力是指塑料熔体充填到模具内各处的必要压力。熔体进入模具后，沿模具壁逐渐冷却。因此，流动较长、薄壁、塑料温度较低时及模具温度较低时，就需要较高的注射压力。此外、需要快速充填时，也需要较高的注射压力。

注射压力和注射速度均可以任意设定。通常注射压力可以设定得保守些，注射速度根据需要（希望充填时间、制品出现缺陷时的解决措施）进行设定。注射压力的初期设定，如果采用标准机型，则可以设定在机器的中间［注射压力为 $70\sim80\mathrm{kgf/cm^2}$（$1\mathrm{kgf/cm^2}=98.0665\mathrm{kPa}$），注射速度40％］进行注塑成型，并确认充填状况及模具的状况。此时，保压不进行，保压时间设定为0s。

对于壁厚在2mm以下的薄壁塑件，熔体进入模具内后，沿着模具壁开始固化，流动阻力变大，充填变得困难，因此提高注射速度非常重要，注射速度如果不能按照设定进行时，则需提高注射压力，也就是一般的注射工程是速度控制工程，因此需要足够的油压来控制速度。

（3）注射速度

① 注射速度的概念：通常所设定的注射速度是指螺杆前进的速度，但是真正重要的是熔体在型腔里前进的速度，它与流动方向的截面积大小有关。

② 注射速度的确定：作为原则，注射速度应越快越好；它的确定取决于熔体的冷却速度和熔体黏度，冷却速度快的或黏度高的熔体采用高的注射速度。值得注意的是，冷却速度的快慢取决于材料本身的性能、壁厚以及模具温度的高低。

③ 注射速度太快，易出现焦斑、飞边、内部气泡或造成熔体喷射；注射速度太慢，易出现流动痕、熔接痕、并且造成表面粗糙、无光泽。

归纳总结

综合经验，设定注射速度与注射时间可参考表5-3。

■ **表5-3　注射速度与注射时间参考表**

注射体积 /cm³	注射时间/s		
	低黏度塑料	中黏度塑料	高黏度塑料
1～8	0.2～0.4	0.25～0.5	0.3～0.6
8～15	0.4～0.5	0.5～0.6	0.6～0.75
15～30	0.5～0.6	0.6～0.75	0.75～0.9
30～50	0.6～0.8	0.75～1.0	0.9～1.2
50～80	0.8～1.2	1.0～1.5	1.2～1.8
80～120	1.2～1.8	1.5～2.2	1.8～2.7
120～180	1.8～2.6	2.2～3.2	2.7～4.0
180～250	2.6～3.5	3.2～4.4	4.0～5.4
250～350	3.5～4.6	4.4～6.0	5.4～7.2
350～550	4.6～6.5	6.0～8.0	7.2～9.5
塑料品种示例	PE,PP,PA6,PA66, POM,PET,PBT,PPS	PE,PP,PA12, ABS,PS	PC,PMMA

注射速度的初期设定：标准机型应设定在中速以下的40％左右。如图5-3所示的某塑件注塑过程中，从注射1开始到注射4为止速度为40％，注射5的速度为20％，针对外

观较差的位置可以改变螺杆位置，改变速度及速度切换位置来调整。

该注塑案例中，充填完成后发生的飞边等可以通过保压来调整，可怕的是飞边和充填不足同时发生，此时必须首先找出注塑工艺条件下、没有飞边而且充填不足最少的条件；其次，通过保压来充填不足部分。如果保压切换被延迟、模腔内充填率变高的话，则会产生峰压而容易出现飞边，此时与其降低注射压力，还不如提早至 30%～40% 切换至保压为好。

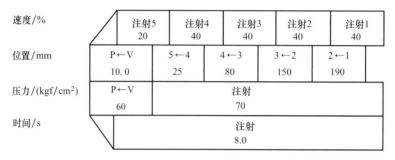

图 5-3　某塑件的注射速度与压力值

注：注射速度可以用%来设定，实际速度因机型的不同而不同；

注射率除以螺杆端面积而得到的值就是速度（mm/s）。

（4）保压切换（V-P 切换）

所谓保压切换，是指从向模腔内充填的注射过程（速度控制）切换到保压过程（压力控制）。此切换非常重要，它将直接影响塑件的质量。保压切换（在注塑机的显示屏上显示的是"V-P 切换"）有以下 3 种模式。

① 位置：在螺杆前进到预先确定的位置（在注塑机的显示屏上显示的是"P←V"）时切换为保压。此模式不经过充填过程。

② PPC：在螺杆前进到预先确定的位置（在注塑机的显示屏上显示的是"P←V"），而且超过了预先确定的压力，经过充填过程而切换为保压。在该充填过程中，可以设定充填压力、充填时间、充填速度。

③ 时间：在经过了预先设定的时间（在画面上为"注射时间"）后就切换为保压。与位置模式相同，此模式也不经过充填过程。

速度控制转为压力控制的时刻被称为切换点，也称转压点，其表征的是在熔体充填过程中，当产品充填到该模腔体积一定比例时，注塑机的螺杆由注射到保压的切换点。对于薄壁制品，一般充填到产品的 98% 时进行切换；对于非平衡流道，一般为 70%～80%，并建议采用"慢—快—慢"多级注射。转压点太高，容易出现产品充模不足、熔接痕、凹陷、尺寸偏小等缺陷；转压点太低，容易出现飞边、脱模困难、尺寸偏大等缺陷。

在注塑实践中，保压切换的初期条件设定可以使用位置切换。图 5-4 所示为注塑某塑件时的切换参数，其在完成计量行程的 80% 左右即开始进行切换，即 V-P 切换点是在螺杆距终点不到 10～20mm 的位置。

充填过程中，在选择保压切换的 PPC 模式时，除注射条件及保压条件以外，还可以单独设定速度和压力，并在螺杆前进的注射参数和螺杆停止只有压力的保压条件之间进行控制，通常设定值仅比保压切换时的注射压力（V-P 压）高出 5kgf/cm² 左右。

使用 PPC 模式时，首先应确定位置切换，之后在观察油压波形的同时渐渐地提高

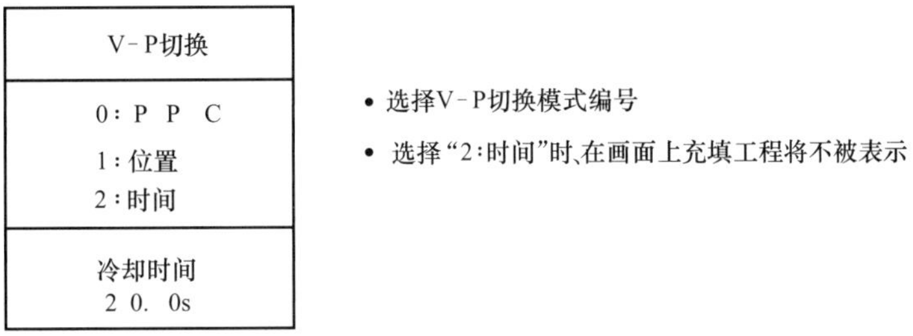

```
┌─────────────────────┐
│      V－P切换        │
├─────────────────────┤
│                     │
│     0：P P C        │
│     1：位置          │
│     2：时间          │
│                     │
├─────────────────────┤
│     冷却时间         │
│     2 0. 0s         │
└─────────────────────┘
```

• 选择V-P切换模式编号

• 选择"2：时间"时，在画面上充填工程将不被表示

图 5-4　某塑件注塑时的 V-P 切换条件

V-P压。最后、设定充填压力。PPC 模式的目的是力求保证每一个制品的重量一致。但是，对于高黏度塑料、薄壁塑件等熔体流动抵抗较大的情况，不宜使用该模式，而应该使用位置切换的方法。

(5) 保压压力

① 保压压力的确定：理想的保压压力一般为最低保压压力和最高保压压力的中间值。

最低保压压力是指在准确的速度-压力切换点基础上，给予一定的保压压力，当制品刚出现充模不足的情况时的保压压力。

最高保压压力是指在准确的速度-压力切换点基础上，给予一定的保压压力，当产品刚出现溢边时的保压压力。

② 不同的塑料品种，具体的保压压力值也不同，实践中，一般采用占注射压力百分比的方式进行设置。比如：PA 的保压压力＝50％的注射压力，POM 的保压压力＝80％的注射压力，PP/PE 的保压压力＝30％～50％的注射压力；极端情况下，对于尺寸要求高的塑件，其保压压力可达到 100％的注射压力。

(6) 保压时间

① 保压时间的确定：保压时间的确定以浇口冷凝为依据，一般通过产品称重来确定。

② 保压时间太长，会影响注塑周期；保压时间太短，塑件的重量不足，产品内部空洞，尺寸偏小。需要注意的是，保压压力会影响保压时间的长短，保压压力越大则保压时间越长。

(7) 螺杆转速

注塑过程中，螺杆转动的目的是对塑料进行预塑，预塑的目标是获得均一稳定的熔体，即塑化均匀、无冷料、无降解、无过多气体。

① 螺杆转速的确定：一般原则是，螺杆转速应使螺杆的预塑时间、回吸时间、注射座的回退时间三者之和略短于制品的冷却时间。

② 螺杆转速太快，塑化不均会造成产品冷料、充模不足和断裂、塑料分解（从而造成焦斑、色差和断裂等缺陷）；螺杆转速太慢会延长注塑周期，降低生产效率。

(8) 冷却时间

一般原则是，制品冷却时间应越短越好，但以产品不变形、不粘模、无过深的顶出痕迹等为基本要求。

成型材料确定后，根据制品的壁厚和塑料温度、模具温度及制品取出时的温度可以计算出理论冷却时间。制品取出时的温度一般可以参考热变温度。

下列是理论冷却时间的计算式：

$$Q = [(-t^2)/(2\pi\alpha)] \cdot \ln\{(\pi/4)[(T_x - T_m)/(T_c - T_m)]\}$$

式中　Q——理论冷却时间，s；

　　　α——塑料的热放散率，cm^2/s，$\alpha = R/(rC_p)$；

　　　t——产品壁厚，cm；

　　T_x——制品取出温度，℃；

　　　R——塑料的热传导率，$cal/(cm \cdot s \cdot ℃)$；

　　T_c——塑料温度，℃；

　　　r——塑料的密度，g/cm^3；

　T_m——模具温度，℃；

　　C_p——塑料的比热，$cal/(g \cdot ℃)$。

上述参数中，常见塑料的热放散率等参数值如表5-4所示。

■ 表5-4　常见塑料的热放散率等参数值

成形材料	T_x/℃	α /(cm^2/s)	R/ [$cal/(cm \cdot s \cdot ℃)$]	r/(g/cm^3)	C_p/ [$cal/(g \cdot ℃)$]
高密度聚乙烯 （HDPE）	75	2.18×10^{-3}	11.5×10^{-4}	0.96	0.55
聚丙烯 （PP）	100	0.67×10^{-3}	3.0×10^{-4}	0.90	0.50
聚苯乙烯 （PS）	80	0.86×10^{-3}	2.9×10^{-4}	1.05	0.32
ABS	100	1.71×10^{-3}	6.3×10^{-4}	1.05	0.35
聚甲基丙烯酸甲酯 （PMMA）	100	1.20×10^{-3}	5.0×10^{-4}	1.19	0.35
尼龙6 （PA6）	100	1.27×10^{-3}	5.8×10^{-4}	1.14	0.40
聚碳酸酯 （PC）	120	1.32×10^{-3}	4.6×10^{-4}	1.20	0.29

注：制品壁厚是去除塑料流道后的平均厚度。

计算示例：

在用材料为PP、塑料温度为200℃、模具温度为30℃、壁厚为2.5mm的制品成型时，理论冷却时间为：

$$Q = \{(-0.25^2)/(2\pi\alpha)\} \cdot \ln\{(\pi/4)[(110-30)/(200-30)]\} = 12.6$$

即冷却时间为12.6s。把该值输入在注塑机的操作系统的注射计量画面框内即可。

此外，生产实践中，还有一种更简单的冷却时间计算方法，具体如下：

壁厚为1mm的制品的冷却时间假设为2s，则壁厚的平方乘以2就是冷却时间。比如、壁厚为2.5mm时，冷却时间为12.5s（$2.5^2 \times 2 = 12.5$）。

当然，在实际操作时，由于成型条件和成型材料种类及成型形状的不同，冷却时间会发生偏差，因此，暂且按照算出的冷却时间进行成型，再根据制品的品质确定最终的冷却时间。

在成型周期中，冷却时间往往约占整个周期的50%。因此，要缩短成型周期的话，提高模具的冷却效率是非常有效的。

此外，对模具进行冷却的目的是保证塑件能顺利脱模而不变形，因此，确定合理的脱模温度实质上就是需要确定合理的冷却时间。不同塑料的脱模温度是不一样的，表5-5所示为部分塑料的脱模温度。

■ 表 5-5 部分塑料的脱模温度 ℃

塑料品种	脱模温度		
	低限值	中间值	高限值
PC	60～85	85～110	110～130
PE(软)	30～40	40～50	50～65
PE(硬)	40～50	50～60	60～75
PP	45～55	55～65	65～80
PA6	50～70	70～90	90～110
PA66	75～90	90～120	120～150
PA12	40～60	60～80	80～100
POM	60～80	80～100	100～130
PS	20～35	35～45	45～60
ABS	35～55	55～75	75～90
PBT	60～75	75～90	90～120
PPS	120～145	145～170	170～190
PMMA	50～70	70～90	90～110

（9）背压

背压是指螺杆预塑时，液压缸阻止螺杆后退的压力，其大小等于螺杆前端熔体对螺杆的反作用力。背压的应用可以确保螺杆在边旋转边后退时，能产生足够的机械能量，把塑料熔化及混合。此外，背压还有以下的功用：

① 把挥发性气体和空气排出料筒外。

② 把塑料中的添加剂（如色粉、色种、防静电剂、滑石粉等）和熔料均匀地混合起来；使流经螺杆长度的熔料均匀化。

③ 提供均匀稳定的塑化材料以获得精确的制品重量。

原则上，所选用的背压数值应是尽可能地低（例如 4～15bar），只要熔体有适当的密度和均匀性，熔体内没有气泡、挥发性气体和未完全塑化的塑料便可以。实际注塑成型时，具体的数值取决于不同塑料材料的性能，通常由材料供应商提供。譬如，PA 为 20～80bar（1bar＝0.1MPa）；POM 为 50～100bar；PP/PE 为 50～200bar。如果背压太高，则材料容易分解、流延，并需要更长的预塑时间；背压太低则会塑化不均（特别对于含色母料）、塑化不实（从而造成产品有气泡、焦斑等）。

背压的利用使得注塑机的压力温度和塑体温度上升，上升的幅度和所设定背压的数值有关。较大型的注塑机（螺杆直径超过 70mm）的油路背压可以高至 25～40bar。但需要注意，太高的背压会引起在料筒内的熔料温度过高，这情况对于热量很敏感的塑料生产是有破坏作用的。

而且太高的背压亦会引起螺杆过大和不规则的越位情况，导致注射量不稳定，越位的多少是受塑料的黏弹性所影响的。熔体所储藏的能量越多，螺杆在停止旋转时，产生突然的向后跳动、热塑性塑料的跳动现象就越厉害，例如 LDPE、HDPE、PP、EVA、PP/EPDM 合成物、PPVC 等，就比 GPPS、HIPS、POM、PC、PPO-M 和 PMMA 等较易发生跳动现象。

为了获得最佳的生产条件，正确的背压设定至为重要，这样，塑料就可以得到适当的混合，而螺杆的越位范围亦不会超过 0.4mm。

（10）回吸量（倒索量）

回吸量的大小应结合背压大小进行确定，以喷嘴不产生流延为原则。回吸量太大，容易产生气泡、焦斑、料垫不稳等缺陷；回吸量太小，会出现流延、料垫不稳（由于止回阀关不住）等现象。

（11）锁模力

锁模力的大小取决于型腔投影面积和注射压力的大小，锁模力太大，会出现排气不畅（会导致焦斑、充模不足等现象）、模具变形等问题；锁模力太小，容易出现飞边缺陷。

由于根据制品投影面积和模腔内压可以算出锁模力，故模腔内压可以根据使用的成型材料、壁厚和流动长及模具浇口种类可以推算出。

以下是锁模力的计算公式：

$$F \geqslant (Ap_a)/1000$$

式中，F 为锁模力，N；A 为制品投影面积，cm^2；p_a 为模腔内压，MPa。

根据经验，表 5-6 所示为常见塑料的模腔内压值。

■ 表 5-6　常见塑料的模腔内压　　　　　　　　　　　　　　　　　　　　　kgf/cm^2

成型材料	模腔内压	成型材料	模腔内压
高密度聚乙烯 （HDPE）	300 250～350	Noryl （改性 PPO）	500 450～550
聚丙烯 （PP）	300 250～350	尼龙 6 （PA6）	400 350～450
TSOP-1,5	300 250～350	尼龙 6 G30 （PA6 G30）	500 450～550
聚苯乙烯 （PS）	350 300～400	尼龙 66 （PA66）	400 350～450
ABS	450 400～500	尼龙 66 G30 （PA66 G30）	500 450～550
聚甲基丙烯酸甲酯 （PMMA）	450 400～500	聚碳酸酯 （PC）	500 450～550

（12）模具温度

① 模具温度的作用：合适的模具温度起保证熔体流动、并冷却制品的作用。值得注意的是，模温是指模具型腔的温度，而不是模温机上显示的温度。通常，在稳定生产过程中型腔温度会达到一个稳定的动态平衡，并高于显示温度 10℃ 左右，对于大型模具，在注塑生产之前必须使模具充分加热，尤其是薄壁且流长比很大的产品模具更应如此。

② 模具温度的影响：模温会影响熔体的流动性和冷却速度；因为影响流动性，从而影响产品外观（表面质量，毛刺）和注塑压力；因为影响冷却速度，从而影响产品结晶度，进而影响产品收缩率和机械强度性能。

③ 模温高则熔体流动性好、塑料结晶度高、制品收缩率大（从而造成尺寸偏小）、制品容易变形、需要更长的冷却时间；模温低则熔体流动性差（从而造成流动纹、熔接痕）、结晶度低、收缩率小（从而造成尺寸偏大）。

注塑实践中，模具温度将根据塑料物理和化学性能、流动性及制品表面质量要求等来确定，一般尽可能设定较高的温度，从而降低熔体的流动抵抗，迅速充填模具内，并使熔体以均一的速度冷却和固化。但是，较高的模具温度使表面光滑的同时，也会使凹陷更明显，使成型周期加长，应该充分考虑成型周期和品质的前提来确定温度。表 5-7 所示是部分常见塑料注塑成型时的模具温度。

■ 表 5-7　常见塑料注塑成型时的模具温度　　　　　　　　　　　　　　　　　　℃

成型材料	熔点	模具温度	
		模腔内	CORE
高密度聚乙烯 （HDPE）	135	30 20～60	20 20～50
聚丙烯 （PP）	168	30 20～60	20 20～50
TSOP-1	168	40 30～60	30 20～50
TSOP-5	168	40 30～60	30 20～50
聚苯乙烯 （PS）	—	40 20～60	30 20～50
ABS	—	70 40～80	60 40～70
丙烯 （PMMA）	—	80 40～90	70 40～80
Noryl （改性PPO）	—	80 70～100	70 60～90
尼龙6 （PA6）	220	80 20～90	70 20～80
尼龙6 G30 （PA6 G30）	220	80 70～100	70 60～90
尼龙66 （PA66）	260	80 20～90	70 20～80
尼龙66 G30 （PA66 G30）	260	80 70～100	70 60～90
聚碳酸酯 （PC）	—	80 70～100	70 70～90

注：1. 模具温度中，上段表示的是标准温度，下段表示成型可能的温度。随着温度的提高表面性和流动性也随之提高。在该温度外并不表示不能成型。

2. 模具外侧的温度比模腔温度的设定值低10℃。

3. 因材料的不同及模具温度的差异，塑料的物理和化学性能会发生较大的变化，对此应该注意。比如：尼龙6和尼龙66，温度上升后会使材料的刚性提高，但同时也会降低其抗冲击性能；另外，对于尼龙及聚丙烯，如果模具温度急剧降低，则会造成制品透明。

（13）计量行程

计量行程并不是根据一次的制品重量而是根据塑料的熔融密度而计算的。严格来讲必须考虑机械效率（到止流阀关闭为止的损耗行程），但一般情况下可以忽略。表5-8所示为部分常见塑料熔融后的密度。

■ 表 5-8　部分常见塑料熔融后的密度　　　　　　　　　　　　　　　　　　g/cm³

成型材料	熔融密度	成型材料	熔融密度
高密度聚乙烯 （HDPE）	0.74 0.96	Noryl （改性PPO）	0.94 1.06
聚丙烯 （PP）	0.72 0.90	尼龙6 （PA6）	0.98 1.14
TSOP-1	0.92 0.98	尼龙6 G30 （PA6 G30）	1.20 1.36

成型材料	熔融密度	成型材料	熔融密度
聚苯乙烯 （PS）	0.94 1.05	尼龙 66 （PA66）	0.98 1.14
ABS	0.94 1.05	尼龙 66 G30 （PA66 G30）	1.20 1.36
丙烯 （PMMA）	1.10 1.19	聚碳酸酯 （PC）	1.06 1.20

注：1. 该熔融密度可以根据成型温度的高低而变化。比如：为了提高塑料的流动性，适当提高料筒的温度进行成型时，熔融密度会变小。

2. 混有滑石粉和矿物及玻璃纤维的复合强化材料的熔融密度因其含有率的不同而不同。

3. 下段数值表示固体密度。

计量行程的计算公式：

$$S = 4W/(\pi D^2 \rho)$$

式中，S 为计量行程，cm；W 为含有塑料流道的成型重量，g；D 为螺杆直径，cm；ρ 为塑料的熔融密度，g/cm³。

注塑实践中，如果成型的塑料、塑件重量、注塑机螺杆直能够确定的话，则计量形行程可以简单地进行计算。比如，对于 PP 塑料、重量为 1500g 的塑件，适用注塑机的螺杆的直径为 100mm，则计量行程为：

$$S = (4 \times 1500)/(\pi \times 10^2 \times 0.72)$$
$$= 26.5 \ (cm)$$

而且，计量行程的初期设定假设是为了从注射开始成型算出的 265mm 的 80%，在注塑机的操作面上，在"计量完了"处输入 210mm，最终把保有量估算为 5～10mm，则设定计量参数为 270～275mm。

5.1.4 注意区分注射和保压的关系

注射和保压既有相同的地方，也存在非常大的差别。在操作的层面，注射与保压有如下相同之处。

① 除非使用注射伺服阀，否则注射方向阀在注射及保压时都是打开的，其间不会关闭（当然亦不会转向）。

② 在一般注塑机的显示屏幕上，注射及保压均有速度及压力控制。

③ 注射的分段虽然以螺杆位置区分最为准确，但也可用时间区分（称为时间注射），这与保压的分段相同。

基于上述情况，某些工程技术人员在设置注塑工艺参数时，根本不使用保压段而使用注射的后段或后几段做保压。在某些简单的注塑成型如两段注射及两段保压的情况下，这是可以接受的，如表 5-9 所示，但在复杂塑件的注塑成型中一般不能采用。

■ 表 5-9 简单注塑成型的压力与速度设置

项目	螺杆位置	压力控制	速度控制	备注
注射一			√	充填
注射二		√		挤压
注射三		√		以注射段充当保压段 用时间注射
注射四		√		
保压点	保压点值			

项目	螺杆位置	压力控制	速度控制	备注
保压一				
保压二				不用保压段
保压三				

值得注意的是，如果注射三及注射四选用了时间注射，这就限制了注射一及注射二（挤压段）只能采用时间注射，而不能用较精确的位置注射来区分。

一般而言，计算机控制的注塑机都会有以下两个功能。

① 在"位置＋时间"模式下，可指定注射时间上限。若达到注射时间上限后螺杆还未到保压点，过程还是会转到保压，这在多腔注塑时有模腔的流道堵塞时便会出现。不采用保压段时，便用不上此模式，只能用时间注射。

② 在"保压点"前后的范围外有两个报警区，螺杆未到位区称为欠注区，螺杆过了保压点的称为溢料区，因为这两种情况都有可能产生废品，因此，注塑机会发出报警提示通知操作人员进行处理，如图5-5所示。当然，不采用保压段亦用不上此报警功能。

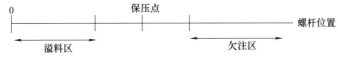

图 5-5 注塑机的报警区

此外，精密及薄壁注塑都会采用闭环控制，闭环控制只允许注射段采用速度控制，配合挤压段的压力上限控制，而保压段则用压力控制。欧美所产注塑机大都不设注射前段的压力控制，只设挤压段的压力控制，从而便避免了用注射来作保压的可能。

综上所述，注塑成型时的注射和保压的区分如表5-10所示。

■ 表 5-10　注射和保压的区分

	项目	螺杆位置	压力控制	速度控制	备注
注射	注射前段			√	填充模腔到100％ 压力设置为系统最高压力设置
	挤压段		√		超填。设置压力上限以防止毛边的产生
保压	保压点	保压点值			
	保压一段		√		设定压力＜挤压段
	保压二段		√		压力渐降为佳
	保压三段		√		设置低的速度以达到节能的目的

5.2　注塑工艺调整方法与技巧总结

5.2.1　通过调节温度可以控制生产中塑件的颜色

注塑件的颜色，会随着塑化时熔体温度的改变而改变。通常温度相差10℃左右，就已可以看得出注塑件的颜色偏差。

因此，当注塑件的颜色与样品偏差不是很大时，就应通过调整温度来解决。在原料的正常注塑塑温度的范围内上下调整5～15℃，就能够得到明显的改善颜色偏差的效果。

多数情况下，温度上升，深色件会变浅，白色件会偏黄。反之，温度降低颜色变深，白色则更白。但也有个别颜色是相反的或让人难以捉摸的，例如带有荧光的颜色就较难让人捉摸。

如果颜色偏差实在太大，通过调整温度难以解决，此时再通知配色人员进行调色也不迟，这样可以减少很多调色次数。但调色时切记要在生产该产品所需的注塑温度下进行。

由于温度对颜色的影响较大，因此生产时也必须注意控制温度。一旦颜色已经确定，温度的变动范围应保持在正负5℃之内。浅色等受温度影响较大的料，甚至连烘料温度和时间都要注意不能太高和太长，否则也会对颜色产生不稳定影响，尤其是带荧光的颜色和紫色。因此，如果一定需要长时间烘料解决水汽问题，则最好是焗完料之后再去配色。

5.2.2 生产中造成颜色不稳定的关键因素

注塑生产中，有时会出现几天变一次颜色，甚至一天之内出现几种颜色偏差的情况。造成颜色不稳定的因素还不少，下面列出一些会导致颜色不稳定的主要因素，以便在生产时对照改善。

① 注塑机的温度不稳定，时高时低，颜色一定会不稳定，这是一大影响因素，需要优先检查。

② 生产周期不稳定，时开时停，背压调得过大造成跑温，都会使颜色产生变化。

③ 混料工没有按照混料工艺要求混合色粉与原料，比如混料时间不足、加料方式或顺序不对等导致色粉不均匀，这也是要重点检查的。

④ 烘料温度太高或者太久。每一种原料和颜料都有其烘料温度和时间的范围，严重超出这个范围，注塑件的颜色就会产生变化。如果加料时多时少，受温度影响较为明显的颜色也会不稳定，比如含有荧光材料的颜色或是浅色注塑件。因此对于对温度敏感的塑料，最好不要烘料或用底温烘料，焗好料后再混色粉最保险。

⑤ 在烘料斗中，由于受热风的影响，色粉出现局部集中，致使颜色越来越深，需有麻点效果的注塑件其麻点也会出现过多的情况。此时，需要增加一些扩散油，让色粉牢牢粘在原料上。

⑥ 原料湿度太大，造成色粉黏结无法扩散。

⑦ 色粉配得不准确。每一批色粉配方中各元素的用量都有较大的偏差，致使在用新一批颜料时，颜色产生偏差，这种事情时有发生。

⑧ 二次回收料的回用量时多时少，这对浅色注塑件的影响较大。

⑨ 原料的牌号不一致。由于每种原料底色不同，致使相同的色粉注塑件颜色会有不同。有时同一供货商，原料批号不同，底色都会有些偏差，因此对颜色偏差要求高的产品，甚至要控制到每批来料的底色是否一致。

⑩ 色粉质量太差、不耐热，或是用错不适宜该原料用的色粉，都会使颜色不稳定。

5.2.3 配色颜料对注塑件强度的影响

(1) 用色种配色引起的强度缺陷
因为色种熔完后还要与原料在注塑机的加热筒内充分的混合，不像色粉已事先在辗料机内与原料混合均匀，所以用色种配色时，注塑件容易出现混色问题。

更关键的是，由于有的色种本身的脆性就比较严重，因而含量过高会使注塑件变脆。如果分布不均的色种集中到注塑件的熔接痕位置，则更是雪上加霜。关于这方面的危害，黑种和银种是最大的。

因此，遇到混色和脆性大的问题无法解决时，如果使用了色种配色，不妨将色种改成色粉，相信会得到很好的改善效果。

还有一个现象需要引起我们的注意，在生产黑色注塑件时，有时配料工会不严格按照配方的要求，在配料时随心所欲地加黑种，因此常常会出现加多的情况，颜色也看不出来都是黑色，有时还担心不够黑有意多加一点，这就是为什么某些黑色注塑件没加多少二次回收料也会忽然变得很脆的主要原因。

(2) 白色注塑件中钛白粉的含量对强度的影响

白色注塑件一般是用钛白粉来配色。钛白粉越多，注塑件就越白，但是注塑件也跟着变脆。

钛白粉是一种金属粉，它与塑料是不能够互溶的，就相当于一种杂质存在于塑料之中，破坏着塑料的组织结构与胶和胶之间的连接。因此，塑料的强度会随着钛白粉的含量的增加而不断下降，PVC件就像生胶一样可以轻易被拉断和扭断，注塑件有熔接痕的地方强度会下降得更严重。

所以，在能够满足颜色要求的情况下，钛白粉的含量应尽量越少越好。

5.2.4 提高塑件尺寸精度的注塑工艺

在生产某些尺寸要求比较精确的重要注塑件时，每个塑件的尺寸允许波动的范围非常小，甚至要求只有 0.01～0.02mm 的波动量。

在生产过程中，通常影响注塑件尺寸精度的主要因素，是注塑件的收缩率。收缩率越大，精度就越差。因此，由于 PP 料和 POM 料注塑件的收缩率都很大，它们的注塑件的精度通常都比较差。而其他材料的收缩率通常也不是很小，所以注塑件的尺寸精度在一般常规的注塑条件下都不是很高。

其实可以通过调机来减小注塑件的收缩，从而达到提高注塑件尺寸精度的目的。我们只需要大大增加注射或保压的时间和压力，就可以使注塑件的收缩量得到减少，收缩率明显减小，尺寸精度自然就可以得到提高。

由于注塑机质量的限制，注射的压力一般不能调得太高，否则就会产生大量的溢边。因此，在常用的普通注塑机上，主要还是依靠增加注射或保压的时间来达到提高注塑件尺寸精度的目的。

为了确保注塑件的尺寸精度，模具的精度是首先需要保证的条件，而选择一台稳定可靠（参数波动不大）、压力充足的注塑机来进行生产十分重要。

目前新发展的一些高精度注塑机，大都是些性能稳定、参数精度极高的高压注塑机。据介绍，其注塑件的收缩几乎为 0，也就是说每次注塑出来的件的尺寸几乎和型腔的尺寸一样长，波动范围只有 0.01mm 左右，精度可谓极其高。

5.2.5 厚壁塑件缩水难题的解决技巧

硬质塑件的缩水问题（表面缩凹和内部缩孔），大都是因为体积较厚大部位冷却时熔体补充不足而造成的缺陷。我们常常会遇到无论如何加大压力，加大浇口，延长注射时间，缩水问题就是无法解决的情况。在常用的原料中，由于冷却速度快，PC料的缩孔问题可谓最难解决，PP料的缩凹和缩孔问题也是比较难处理的。

因此，当遇上厚大件比较严重的缩水问题时，就需要采取一些非常规的注塑技巧，不然就很难解决问题。在实践生产中，我们摸索出了一套比较有效的技巧去应付这个注塑的疑难问题。

首先，在保证注塑件脱模不变形的前提下，采取尽量缩短冷却时间的方法，让注塑件在高温下提早脱模。此时注塑件外层的温度仍然很高，表皮没有过于硬化，因此内外的温差相对已不是很大，这样就有利于整体收缩，从而减少了注塑件内部的集中收缩。由于注塑件总体的收缩量是不变的，所以整体收缩得越多，集中收缩量就越小，内部缩孔和表面缩凹程度因此得以减小。

缩凹问题的产生，是由于模具表面升温，冷却能力下降，刚刚凝固的注塑件表面仍然较软（不像PC件那样脱模后表面较硬，极易产生缩孔），未被完全消除的内部缩孔由于形成了真空，致使注塑件表面在大气压力的压迫下向内压缩，同时加上收缩力的作用，缩凹问题就这样产生了。而且表面硬化速度越慢越易产生缩凹，比如PP料，反之越易产生缩孔。

因此在将注塑件提早脱模后，要对其作适当的冷却，使注塑件表面保持一定的硬度，令其不易产生缩凹。但如果缩凹问题较为严重，适度冷却无法消除，就要采取冻水激冷的方法，使注塑件表面迅速硬化才可能防止缩凹，但内部缩孔还是会存在。如PP这样表层较软的材料，由于真空和收缩力的作用，注塑件还会有缩凹的可能，但缩凹的程度已大为减轻。

在采取上述措施的同时，如果再采用延长注射时间来代替冷却时间的方法，则对表面缩凹甚至内部缩孔的改善效果将会更好。

在解决缩孔问题时，因模温过低会加重缩孔程度，因此模具最好用机水冷却，不要使用冻水，必要时还要将模温再升高一些，例如注塑PC料时将模温升到100℃，缩孔的改善效果才会更好。但如果为了解决缩凹问题，模温就不能升高了，反而需要降低一些。

有时以上方法未必能彻底将问题解决，但已经有了佷大的改善，如果一定要将表面缩凹的问题彻底解决，适量加入防缩剂也是一个不得已的有较办法。当然，透明塑料件就不能这样做了。

5.2.6 缩水问题难以解决时需留意的三个工艺条件

(1) 两个不利于解决缩水难题的温度条件

① 模具温度太低不利于解决缩水难题　硬质塑件缩水问题（表面缩凹和内部缩孔）都是因为熔体冷却收缩时，集中收缩留下的空间得不到来自浇口方向的熔体充分补充而造成的缺陷。所以，凡是不利于补缩的因素都会影响到我们去解决缩水的问题。

一般的注塑工程人员都知道，模具温度太高容易产生缩水问题，通常都喜欢降低模具温度来解决问题。但是有时如果模具温度太低，也不利于解决缩水的问题，这是很多人不太注意到的。

模具温度太低，熔体冷却太快，离浇口处较远的稍厚胶位，由于中间部分冷却太快而被封死了补缩的通道，远处便得不到熔体的充分补充，致使缩水问题更难解决，厚大注塑件的缩水问题尤为突出。

再者，模具温度太低，也不利于增加注塑件的整体收缩，使集中收缩量增加，缩水问题更加严重。

因此，在解决比较难的缩水问题时，要记得检查一下模具温度。有经验的技术人员通常会用手去触摸一下模具型腔表面，看是否太冷或是太烫手。每种原料都有它合适的模具温度，例如 PC 料的缩孔问题，如果采用热油注塑，缩孔会得到较好的改善，但模温如果太高了，注塑件又会出现缩水的问题。

② 熔体温度过低也不利于解决缩水难题　很多技术人员知道，熔体温度太高，注塑件容易产生缩水问题，适当降低温度 10～20℃，缩水问题就可能得到改善。

但如果注塑件在某处比较厚大的部位出现缩水时，再把熔体温度调得过低，比如接近注塑熔体的温度下限时，反而不利于解决缩水问题，甚至还会更加严重，注塑件越厚情况就越明显。

其原因和模温大致相似，熔体冷凝太快，从缩水位置到浇口之间无法形成较大的有利于补缩的温度差，缩水位置的补缩通道会过早被封死，问题的解决就变得更加困难了。由此也可看出，熔体冷凝速度越快越不利于解决缩水问题，PC 料就是一种冷凝相当快的原料，因此它的缩孔问题是注塑过程中的一个大难题。

此外，熔体温度太低也一样不利于增加整体收缩的量，导致集中收缩的量增加，从而加剧了缩水的问题。

因此，在尝试通过调机解决较难的缩水问题时，应检查一下熔体温度是否调得过低了，除了看温度表，采用空射的方法检查一下熔体的温度和流动性是一种比较直观的方法。

(2) 注射速度过快不利于解决缩水严重的问题

解决缩水问题，首先会想到的是升高注射压力和延长注射时间。但如果注射速度已调得很快，就不利于解决缩水问题了。因此有时缩水难以消除时，应配合降低注射速度来解决。

降低注射速度，可使走在前面的熔体与浇口之间形成较大的温度差，因而有利于熔体由远及近顺序凝固和补缩，同时也有利于距浇口较远的缩水位置获得较高压力补充，对问题的解决会有很大的帮助。

由于降低注射速度，走在前面的熔体温度较低，速度又已放慢，注塑件便不易产生溢边，注射压力和时间就可以再升高和放长一些，这样还更有利于解决缩水严重的问题。

此外，如果再采用速度更慢、压力更高、时间更长的最后一级末端充填和逐级减慢并加压的保压方式，效果将会更加明显。因此当无法一开始便采用较慢的速度注射时，从注射后期开始采用此法也是个很好的补救办法。

但应注意的是，充填过慢反而又会不利于解决缩水问题。因为等到充满型腔的时候，熔体已经完全冷却了，就像熔体温度太低一样，系统根本就没有能力再对远处的缩水进行补缩了。

5.2.7　大尺寸平面状塑件变形问题的解决技巧

大尺寸平面状的塑件，其面积大，收缩量也就很大。由于大型塑件的分子定向排列较为严重，加上模具冷却也不均匀，致使塑件各方向的收缩率出现不一致，导致单薄的大平面塑件注塑成型后很易发生变形和扭曲的现象。有时大平面注塑件的某一面设计有支承筋，则此时的注塑件一定还会朝着有支承筋的一面弯曲。

要彻底解决大平面塑件变形的问题确实是个难题，在生产中我们总结了一些较为有效的措施来改善变形的问题：

① 将模具改成多点式浇口（通常都是三板模），相应地，选用锁模力达到 24t 以上注塑机，大平面塑件的浇口数最好达到 4 点以上。这样可以减轻分子定向排列的程度，减小各向收缩不一致的差距。

② 适当提高模具温度，ABS 塑料通常保持在 60℃ 以上，以降低塑件的冷却速度，减小因过快冷却引起的变形，同时可降低分子定向排列的程度。

③ 最重要的一项是，增大注射或保压压力，并大大地延长注射或保压的时间，使注塑件的尺寸增大，减小它的收缩量，变形的程度因此会得到明显的改善。因此，延长注射或保压的时间（如延长 10～15s），已成为我们解决变形问题常用的重要手段。

④ 如果以上三项措施都未能达到理想的效果，则只能采取脱模定型的办法了。因为这种工艺运用较为困难，因此需要注意以下几点。

首先，要将塑件提早脱模，然后趁塑件仍处于几十摄氏度高温的状态下，放在工作台上用夹具定型，注意定型夹具的设计需要合适。同时还要考虑塑件的回弹程度，通常 12h 之后回弹才会基本停止，而且脱模温度越低回弹量就越大。

最后要强调的是，必须注意注塑件的包装和摆放问题。这点相当重要，不然上述的一切努力都将前功尽弃。一般情况下，可以将注塑件侧着装箱，当然也要根据注塑件的形状来决定摆放的形式。绝不能让塑件互相挤压，也不能让注塑件的某个部位悬空，否则注塑件摆放几天之后就会开始变形。

5.2.8 注塑件外表面在柱位缩凹严重时的解决方法

有时由于模具制造的缺陷，注塑件在圆柱（顶管）位置外表面的缩凹无论如何调机都难以解决。就算勉强解决，注塑件也已是全身溢边的情况了。

造成顶管位缩凹严重的原因主要有两个：

① 顶管太短或太细，致使注塑件在顶管根部位置的胶件太厚（比如大于 4mm，而注塑件其他位置的壁厚只有 2mm），缩水问题就难免了，而且越厚越难解决，甚至无法通过调机来解决。生产中出现的多数是这样的情况。

② 顶管太长，致使注塑件于顶管端头处的壁厚太薄（比如小于 0.3mm），造成胶件此处的热强度非常低。注塑件脱模时，顶管往外抽，顶管孔内部就形成了真空，外面的大气压力就会将注塑件表面压凹，形成缩凹。

因此在解决这样的缩凹问题前，应先将注塑件切开观察，发现注塑件该位置太厚（一般不要厚过注塑件的壁厚），就要加长顶管，直到缩凹得到解决；如果发现缩凹位置太薄（通常不要小于 0.5mm），可用打磨机将顶管磨短，缩凹问题就可以得到解决。

此外，在顶管上喷点脱模剂，也可以作为一种辅助手段，加强缩凹的改善效果。因为脱模剂可以使顶管冷却，增强了该位置的冷却效果，从而减轻缩水程度，同时还可以防止顶管顶出时形成真空，因为脱模剂多少会产生一点气体。

5.2.9 透明的厚壁塑件注塑成型应注意的问题

因特殊功能需要，注塑成型时经常会遇到一些厚壁的透明注塑件，由于性能的原因，这些塑件又采用 PC 为原料,而且平均壁厚超过 6mm,壁厚最大处超过 12mm。这类塑件在注塑时往往出现两个问题:一是制品表面缩水,二是制品里面出现气泡。由于壁厚较厚的原因,变形反而不是主要问题。

(1) 表面缩水

主要原因就是壁厚过厚,产品收缩较大。在这个收缩过程中,必须要有更多的熔体补充进来防止收缩,需要更高的模温来使产品整体收缩(而不透明的产品则需要降低模温,不必担心真空泡的问题)。

解决表面缩水对策如下:

① 在模具上增加浇口数量,增加冷料穴的体积。

② 放慢注射速度,增加背压及料筒温度,加大保压压力及时间,延长冷却时间,升高模具温度。

(2) 制品内出现气泡

出现气泡原因有两个:一个是熔体里有气体,另一个是收缩产生的真空泡。

熔体里面有气体大都是由于空气及少量塑料分解时产生的气体,解决的方法是充分烘干原料;而真空泡则比较棘手一点,需要模具和成型工艺配合效果才更好,解决的方法和缩水相同。

5.2.10 镜面标识(Logo)出现熔体冲击痕的改善之法

在注塑成型过程中经常会出现许许多多的不良现象,尤其是试模过程中尤为明显。某些塑件表面需要成型出一定花纹(俗称"咬花"),并在其凸起或凹陷地方需要成型出客户的镜面Logo,如果注塑成型时 Logo 出现如图 5-6 所示的难看熔体冲刷痕迹(简称"冲痕"),则制品将成为废品。

图 5-6 熔体冲刷痕迹

上述缺陷出现的原因在于该处在厚度方向存在差别并有折角,塑料熔体流动到此处时出现拐弯,把部分气体包在断差的角落里,然后后面的熔体继续推动熔体移动,这就形成了图中所示的冲击痕。

解决的方法是,在成型工艺上,设法将流经此处的熔体速度放慢,则冲痕会明显减轻,但这会引起其他不良影响(如加强筋处缺料、咬花面发亮等),因此,需要采用多级注射工艺,即在熔体中速充填到 Logo 位置前先降速,待熔体充填过 Logo 后再转为快速。此外,还有升高模具温度等一些辅助办法,也可以改善该不良现象。

但上述工艺在实际应用中相对比较难操作,因此,可以考虑在模具上进行修改,以彻底将问题解决。由于熔体的充填速度慢时会避免冲痕的产生,那么在模具上进行修改以让熔体流经 Logo 位置时自动慢下来即可。经验表明,当壁厚不均的塑件进行注塑成型时,熔体充填过程中容易产生气体被包裹、熔接痕明显等缺陷,原因是熔体在薄壁(相对)处流动较慢。因此,可通过减少 Logo 处的壁厚降低熔体充填的速度,从而可以避免 Logo出现冲痕。

上述方法已经在生产实践中得到了验证,配合提高模具温度进行注塑成型,效果非常明显,冲痕就此消失,如图 5-7 所示。

5.2.11 保证注塑件表面光洁的重要工艺条件

注塑生产中经常会遇到注塑件表面哑色、光亮度不够以及透明度不足等外观质量的问题。除了模具的型腔表面光亮度不足的原因外，生产中会造成这一问题的主要原因，是因为在注射过程中，熔体温度下降得太多，致使熔体表面已不够光泽，而且流动性变差，熔体与模具表面的接触就不够贴切，这样光亮的模具表面就没有被注塑件如实地展现出来。

图 5-7　冲痕消失

要提高注塑件的表面光亮度或透明度，必须保证熔体充填时不能冷却太快，要具有良好的流动性。因此熔体温度和模具温度对注塑件的外观具有重大影响。

事实上，适当升高十几度熔体温度，和稍增加熔体背压、注射不要太慢，确实都能起到较好的改善作用，但如果没有模具温度的配合，就比较难达到理想的效果。

当我们将模具温度提升到50℃以上时（用手触摸会有稍稍烫手的感觉），注塑 ABS、HIPS、PP、PVC 等常用塑料，只需使用正常的熔体温度生产，就可以很容易地得到表面光亮或透明度优良的注塑件。如果注塑 PC 料，则模温需要升得更高一些，最好到80℃以上。

因此，除了熔体温度，模具温度对注塑件外观质量的影响也是至关重要的，效果也是明显的，它已成为解决这类问题的重要条件和常用手段。而熔体温度的升高也只能适可而止，过高了容易产生缩水、烧焦和变色等问题。

但是，模具温度的升高一样也要有一定的限度。模温升得太高了，例如 ABS、HIPS等硬质塑料的模温超过80℃（用手触摸会感到非常烫手），PC 料模温超过120℃时，注塑件就很容易产生缩水等问题，生产周期也会因此而变得太长。

相反，如果注塑件需要哑色的效果，降低熔体温度和模具温度也会有一定的作用。但模具表面必须经过喷砂或蚀纹是保证哑色效果最重要的先决条件。

5.2.12 两个易造成溢边、顶白而又不易引起注意的事项

（1）熔体充填速度过慢

通常，充填速度过快会产生溢边、顶白等问题。但是，速度过慢，也一样易产生这样的问题。

速度过慢，充填时间太长，熔体冷却得多就比较难走齐料，必须升高注射压力。随着压力的升高，溢边和顶白的问题势必就要产生了。

此时的溢边通常都集中在接近流道的一带，而快速注射产生的溢边则在注塑件的全身都有机会产生。

适当加快注射速度，可以减小注射压力，对顶白、溢边等问题会有较好的改善作用。但是加得太快，溢边、顶白又会再次产生。如果一定要用快速注射，可在即将充满型腔时以二级慢速、低压作最后的充填和保压，可以减轻或消除溢边或顶白。

因此，一般情况下，还是用中速或稍快的速度来注塑为好。除非因快速而产生其他问题，如浇口位气纹、溢边等，或者需要用慢速来解决某些问题时才会用到慢速或超慢速注射。

(2) 熔体温度过低

温度过高，容易产生溢边，这很容易理解。但是温度过低，同样也容易产生溢边问题。

原因和用慢速注射一样，熔体冷却了充填就困难，必须升高注塑压力才可以走齐，但溢边也就跟随着产生，甚至有时还未走齐料，注塑件已在浇口周围产生了大量的溢边。

此外熔体温度低，调机也会变得困难，其他问题还会一起跟着产生。

因此，平时在开始调机前，一定要养成检查温度是否足够的良好习惯，空射打出的熔体流动性是否良好（平时要练习观察），必要时检查一下各发热筒是否正常，同时也要注意温度是否过高（会有大量的烟雾产生或烧焦等）。这样，我们在调机的时候才不会走太多的弯路，浪费太多的时间。

5.2.13 注塑件溢边、顶白严重时的调机方法

中、初级注塑技术人员多数都只使用一级注射方式进行注塑生产，生产中很多溢边、缩水等问题只使用一级注射调校就可以解决，结果渐渐养成了习惯，多年都不会改变。

当出现稍微严重的缩水或充填困难时，为了让熔体能够充满型腔或解决缩水等问题，必须使用较高的压力和较快的注射速度，此时，注塑件就很容易产生顶白和溢边等问题。因此，对模具质量的要求就比较高，动不动就需要修模部、修溢边、修顶白，故这是单级注射的缺陷之一。

学会和养成多级注射的良好习惯，许多顶白、溢边等问题都是可以通过调机来解决的，从而减少了许多模具维修费和时间。

简单点的，可以在原来一级注射参数不变的情况下，当注射达到约90%的充填量时，立即转二级稍低的压力和速度继续注射满型腔并进行保压。或是在注射满型腔之后再起第三级，用更低的压力和速度进行保压，溢边问题会得到很好的解决。使用"定位注射"法也是解决溢边和顶白问题的一个好办法。

如果还伴有缩水问题存在，则应适当延长保压时间或升高点第三级的保压压力，同时降低第三级的速度，程度不是特别严重的缩水问题都应该可以同时被解决。

如果溢边和顶白问题确实太严重，经过调机的努力都无法解决时，再送去修模也不迟。

所以，学会多级注射调校技术会有很多好处，它还能帮助我们解决很多的技术难题。因此，它是中、初级人员必须踏过的一道坎，否则调机技术就无法向更高层次进步。

5.2.14 需要快速充填时防止产生气纹的多级调机技巧

充填困难的原料和尺寸较大较薄的注塑件，通常都要使用较快的注射速度充填，才有可能充满型腔。但是，很多注塑件跟着会在浇口周围产生明显的射纹或气纹，注件喷油后还会出现烧焦等问题。特别是要喷银色油漆时，即使是很轻微、肉眼都不易察觉的气纹，都会使注塑件喷油后出现烧焦的问题。生产中常会出现这种情况。

经过观察，浇口周围的气纹或射纹是由于快速注射开始进入型腔时造成紊流所引起的。因此，必须使用不能够产生气纹或射纹的较慢注射速度作为一级注射，但这样下去必然导致后面的充填困难。

所以，当较慢速度的注射进入型腔有一小部分，气纹或射温已经消除之后，就要立即

起回二级快速注射，同时也要给足压力以保证启动快速充填，这样才可以先后解决两个互相矛盾的问题。

只是这个二级的起级点需要调得比较准确，因为起早了解决不了气纹或射纹问题，起晚了又会造成充填困难，因此需要一点耐心去调整位置。

如果模具流道过长，则可在这个一级慢速注射之前再加一级稍快一点的速度注射，或是加粗横流道或浇口尺寸，以免熔体过早冷冻，影响后面的充填过程。

此外，如果注塑件中间的某个部位有凹腔或者凸台等结构存在，那么在快速注射经过此位置时，注塑件也会产生气纹和喷油烧焦的问题。因此当快速注射到此位置之时又要求转回慢速注射，待熔体流过这些位置，消除气纹之后，再转回快速注射。

最后，在快速注射阶段，如果一直让它这样快射满型腔，则注塑件很容易产生很多溢边。此时，当快速注射即将充满型腔的时候（通常在充满90%之后），就应立即转用中低速度和压力进行充填。当充满之后再用更低的压力和速度进行保压，溢边问题就可以避免了。此外，还可以使用"定位注射"法来防止溢边的产生。

在解决上述问题的时候，最好将模温和料温都适当升高，以确保充填在每个阶段都能顺利地进行。

为了找准慢速转快速、快速转慢速的转级点，需要学会使用"模具透明法"来帮助寻找，才能找得又快又准，所以它是多级注射技术运用的必然保障。

5.2.15 预防透明塑件和浅色塑件黑点多的方法

生产透明塑件时，经常出现注塑了十几个小时甚至几天，黑点都无法清除干净的情况，既浪费了大量的生产时间，还浪费了公司大量的原材料。

因此，如何防止黑点多的缺陷，是个很有意义的问题。下面所举的一些预防措施和注意事项，对防止黑点多的问题会有很好的帮助。

① 在安排生产时，要注意即将安排生产透明塑件或浅色塑件的注塑机近期不能注塑过 POM 和 PVC 等容易烧焦的原料，最好也不要生产过深色或黑色的注塑件。

同时尽量选用优质或较新的注塑机生产透明塑件。注塑机的螺杆和止回环如果已磨损较大，就容易导致烧焦产生黑点。

因此，为了更有效地预防黑点问题，最好选定几台质量较好较新的注塑机专门用来生产透明塑件，并且将 PC 及透明 ABS 等硬质塑料透明料与透明 PVC 料分开来用机，不能共享，这点很重要。

② 使用的二次回收料（俗称的"浇口料"）越少越好，当然最好是全原料生产。为了节约原料，通常都需要回用一些二次回收料。所以，二次回收料必须要保持干净、无黑点、无油迹。

由于二次回收料中的粉末成分很容易被烧焦，造成许多黑点，因此，生产前必须用筛子将粉末筛干净。透明 PVC 这方面的表现最为明显，因此这两种料的二次回收料必须筛得更干净。为防止二次回收料在储存、运输和打料过程中造成污点，最好采用注塑机边打料边立即回用二次回收料的操作方式。

③ 在加热升温时，最好采用逐级升温的办法。这样可以预防发热筒内局部过热而导致的烧焦，特别是易烧焦的原料，如 PVC 料。

生产透明 PVC 料时，应先将温度调到 110℃左右，温度升够之后再保温几分钟，然后才把温度调到注塑生产温度。一旦达到注塑温度，就要马上生产，否则时间长了就会产生大量的黑点。

④ 必须维持稳定的生产周期，更不能随便长时间停机，开开停停。某些易烧焦的料哪怕是停几分钟也会产生大量的黑点。需要临时停机时，应先将温度调低 30～50℃，生产几分钟后才停，PVC 料还需要立即洗机，否则后患无穷。

⑤ 切忌用大机生产小模，这也是造成黑点多的一个重要原因。由于注射量相对较小，熔体留在发热筒内的时间过长，难免会出现烧焦问题。特别是容易烧焦的原料几乎无法生产。

⑥ 注意温度不要调得太高。还应将前、中、后发热筒的温度逐级递减，中、后炉的温度偏低一些，对防止烧焦、造成黑点很有好处。而一般人很喜欢将三个炉的温度调成一样。

⑦ 色粉质量很重要，如果色粉很难均匀溶解到塑料中去的话，就会造成很多色粉斑点，而且很难消除，有时原料需要提前进行预塑拉粒才能消除问题。

⑧ 注塑周期太长，容易烧焦的原料如 PVC 料等很容易产生黑点问题。

以上所介绍的透明塑件防止黑点的措施和注意事项，对浅色塑件也同样有效，而浅色塑件的黑点问题会比透明塑件要好控制一点。

5.2.16 浇口处容易产生气纹或射纹的原因

如果生产原料已经烘干充分了还是会在浇口处产生气纹或射纹，则调机者就需要考虑以下影响因素了：

① 一级注射速度太快。这是产生浇口气纹的主要原因，它使熔体在进入型腔的时刻产生严重的涡流，造成涡流气纹。所以，这是调机者首先要考虑的，需降低速度试试。

② 浇口太细或太薄，也是造成浇口气纹和射纹的重要因素。因为浇口太细小或太薄，必然导致熔体进入型腔的注射速度过快，从而产生射纹和气纹，同时这也是产生蛇形纹的原因。因此，当已将速度降得不能再低都不能消除问题时，就需要考虑浇口是否太细或太薄了，比如小于 0.5mm 或更小。

③ 注塑件在浇口位置的壁厚越厚，就越容易产生气纹，如超过 4mm。因为壁厚越厚越容易在熔体进浇口的时刻产生涡流，导致气纹的产生。出现这种情况时，改大浇口和降低速度有时都难以消除气纹，此时，最好将浇口改到壁厚薄一点的地方，比如 3mm 以下处。

④ 模具型腔表面越光，也即注塑件表面越光亮，越容易产生气纹。注塑件太光亮，会致使轻微的气纹都被显现出来。

⑤ 熔体或模具温度太低，注塑件也会产生因冻胶造成的射纹，并伴有哑色气纹。

⑥ 针对容易烧焦的原料，熔体温度太高，则会产生因分解气体过多造成的气纹，比如 PVC 料的分解气纹。

当生产中注塑件浇口附近出现气纹或射纹时，可以参照以上影响因素来对照改善。其中，降低注射速度是我们改善射纹和气纹问题的首要手段，其次就是检查注塑件浇口的尺寸是否过小或太薄。而烘烤原料则是保证生产的基本的功夫，什么时候都要做足，除非是某些不需烘烤的原料。

各种原因造成的气纹和射纹问题，从外观上看会有些差别。平时多注意观察，这样可以加快分析解决问题的速度。

5.2.17 PC料注塑件产生浇口气纹难题的解决措施

PC料的塑件浇口容易产生气纹，在前面已经讲述过是由于注射速度太快所致。因此，要解决浇口的气纹问题，就必须设法降低注射速度，而又不至于产生震纹和缺料问题。

为此，我们首先要保证熔体有足够高的温度，在不变色、不焦黄的情况下尽量提高熔体温度，能达到310℃最好（针对PC7025A和PC1250Y料而言）。

其次，也是最为重要的要素，就是必须将模具的型腔温度提升到90～110℃。在生产中，对有型芯的模具通常可以采用关掉模具冷却水的办法来达到升温的目的。

当模具温度升到90℃以上之后，就可以使用非常慢的速度来进行注射了，注塑件的浇口气纹会随着注射速度的下降而逐渐变淡，直至消失。当熔体流过形成气纹的区域之后，必须马上转回高速注射，否则注塑件又会产生震纹和缺料。

需要注意的是，模具温度不能升得太高，超过120℃注塑件容易产生缩水问题，冷却时间也要加长，生产速度变得很慢，同时模具的寿命也因模温太高而缩短，注塑件的表面甚至还有可能出现哑色问题。

出于对工人安全的考虑，最好不要使用热油机来升高模温。因为热油温度如果调到90℃以上，一旦出现漏油问题后果将不堪设想。因此，如果要使用热油机时一定要注意安全。

如果注塑件又薄又大，则熔体的热量会散得很快，而且热量也很有限，模温很难得升起来，能否走得齐料都成问题。此时，就需要采取在模具内部加发热管加热的方法来达到升温的目的。同时还需要增加浇口宽度，以增大熔体充填的流量，减少充填时间，以利于充满型腔和消除气纹。

5.2.18 PC料塑件产生缩孔问题却很难解决的原因及其措施

根据材料凝固原理，注塑件形成内部缩孔和表面缩水是由于熔体在冷却过程中需要不断收缩导致的。当收缩集中到注塑件最后凝固的位置，又得不到熔体的补充时，就会形成内部集中缩孔或表层缩凹（缩水）。

注塑件的冷却收缩同时存在两种形式：内部集中收缩和外部整体收缩（从注塑件的外围向内收缩），而内部集中收缩就是形成缩孔的动力。由于两种收缩量之和等于注塑件的总收缩量，因此，当外部整体收缩量增大时，内部集中收缩的量就会减少，那么形成内部缩孔的动力和产生的直径就会减小；当外部整体收缩的量减少时，内部集中收缩的量就会增加，形成内部缩孔的动力和产生的直径就越大。

所以，要解决透明塑件的内部缩孔的问题，就必须设法增加外部整体收缩的量，尽量减少注塑件的内部集中收缩，同时尽可能地对收缩进行补充，以减小注塑件收缩时留下的空间，达到减小缩空的目的。

要做到这些要求，光靠增加注塑压力、增加注射时间等常规的解决缩水缩孔问题的注塑工艺是不可能的，因此一般只能解决程度比较轻微的透明塑件缩孔问题，对于比较严重的缩孔问题就无能为力了，特别是对PC件的缩孔问题。

PC件的缩孔问题之所以难解决的原因主要还是PC料的凝固特性——冷却变硬的速

度快。

首先，由于 PC 料在凝固过程中需要大量的熔体进行补充，但浇口因冷却速度快很容易被封死，致使注塑件得不到外来熔体的补缩，从而留下了较大的可变成缩孔的收缩空间。

重要的是，由于外壳硬得很快，造成外表已经变成了硬壳，内部仍然未凝固完全的现象。由于外壳快速硬化的支撑作用（ABS 等透明料在高温时的硬化程度与之相比要差得多），阻碍了注塑件的整体收缩，致使集中收缩的收缩量要远远大于整体收缩。而且根据缩孔和缩凹的形成机理，表面硬化得越慢越易造成缩凹，反之，表面硬化得越快越易造成缩孔。

综合以上两种因素，形成内部集中缩孔就成了 PC 件的必然趋势，而且动力十足，这是其他透明料无法相比的。因此 PC 料注塑件的缩孔问题也就成了注塑的一个难题。

5.2.19　PC 料的注塑件变脆和起白雾的原因及其工艺问题

以前，我们很少见到 PC 料注塑件有变脆的问题。那是因为当时使用的 PC 料牌子比较少，通常只有日本产的 PC7025A 和 1250Y 两种牌号。如今生产 PC 料的厂家越来越多，牌子和牌号自然也不少。

问题跟着也就来了。因各种牌号的 PC 料注塑技术工艺不尽相同，而且对工艺要求的严格程度也不同，因而再使用一贯注塑 PC7025A 和 1250Y 的注塑工艺去生产其他牌号的 PC 料，难免就会出问题，经常可以看到 PC 注塑件有时会经不起冲击的脆性问题。

经过仔细的研究我们发现，由于各种牌号的 PC 料的耐热程度和物理特性的不同，熔体温度甚至连烘料温度度和烘料时间都会对注塑件的抗冲击性能产生重大影响。

通常在生产 PC7025A 和 1250Y 料时，熔体温度一般都可调至 290～310℃，而生产某些牌号的 PC 料时，再使用这段温度来注塑，注塑件就会变得很脆了。因此，对待这种 PC 料，注塑温度最好不要超过 290℃，有的可能还要更低才能解决脆性问题。因此，只要熔体的流动性足够充填，就最好用更低一点的温度来生产，以防止注塑件变脆造成强度不稳定。

其次是烘料温度的影响。PC7025A 和 1250Y 通常都可以烘到 110～120℃，时间可以超过 4h。但有些牌号的 PC 料就不能超过 100℃，否则注塑件也会变得很脆，而且还会起白雾，影响外观和透明度。

而最不容易引起人注意的，最容易出问题的，却是烘料时间。通常在注塑 PC7025A 和 1250Y 料时，加满 50kg 的烘料斗，只要烘到无水汽产生，慢慢生产六七个小时都不会出什么问题。但是有些 PC 料放在烘料斗中烘烤超过 4h，注塑件不但会产生明显的白雾，甚至还会变得很脆，而且时间越长就越脆，白雾越多，塑件变蒙。此时，如果一斗料足够生产 6h，那就只能加半斗料，如果造成注塑件有水汽产生，则只要稍稍多加一点和勤一点加料，问题就不会再发生。有时，还会时不时出现白雾，这应该是有点原料被卡在烘料斗里长期烘烤，然后时不时有几颗料流出到炮筒，被射进模具的缘故。

这就是生产中 PC 料注塑件变脆、有白雾的一个重要原因。因此要生产好各种牌号的 PC 注塑件，必须注意各种牌号原料的注塑工艺的特性和要求。当然，由于各种牌号本身的性能不同，强度和抗冲击能力也会有所不同，有的牌号的抗冲击能力确实很差。

因此在实际的注塑生产中，当 PC 注塑件忽然出现脆性问题和透明度不足的问题时，我们可以优先从熔体温度和烘料温度及烘料时间等方面去考虑，这样可以加快解决问题的进程。

5.2.20　PC件的浇口气纹成为注塑难题的原因分析

在诸多透明塑料如 GPPS、SB（苯乙烯-丁二烯共聚物，俗称 "K 料"）、透明 ABS、PC 等中，PC 塑件是最容易在浇口位置产生气纹的，而且还是最难消除的。

因为 PC 塑料的流动性在上述塑料中相对最差，注塑时必须使用快速注射，否则就容易充填不足或者产生震纹（以浇口为中心的密集波纹）。而快速注射的后果，就是在浇口位置造成因熔体快速射至型腔表面后反弹而形成的轻微困气，而且注塑件越厚，困气面积就越大。同时，由于熔体温度较高，致使困气位置的熔体表面被氧化，并在此形成气膜，将熔体与模具表面隔离，从而令注塑件表面形成亚色气纹，影响注塑件的透明度。

而其他透明料的流动性相对就好得多，因而充填较容易，且不易产生震纹，因此注射速度可以相对较低，浇口位置的困气即使存在也非常轻微，所以不易形成亚色气纹。即使产生了气纹，也比较容易清除，只需降低一点注射速度和压力就可以将它解决，震纹或缺料问题也不会产生。而 PC 料要降低速度就不行了，不是震纹就是缺料。

因此，PC 料的浇口气纹问题，可以说是常用透明料中最难消除的，称得上是个注塑难题，必须采取一些措施和调机技巧才有可能将它解决。

5.2.21　大尺寸 PVC 塑件水波纹和熔接痕难解决的原因分析

在注塑生产中，经常会遇到壁厚 50mm 以上的粗大 PVC 料注塑件。由于型腔内部空间太大，当熔体从浇口射进宽大的空腔时，受到挤压的熔体会以折叠波浪式或螺旋式从浇口射入型腔。这些线状熔体汇合之后，就会给注塑件在浇口位置留下水波纹，在其他位置留下熔接痕。

此外，在宽大的型腔中，中间某部位的熔体的流速一定会较快，而四周因受型腔壁的冷却和摩擦力的影响而降低速度，这将导致熔体分流，而分流后又需汇合，从而在汇合处形成了明显的熔接痕。如果型腔之中存在各种嵌件等障碍，则熔体流经之后也会造成熔体的分流而产生熔接痕。

由于 PVC 熔体的流动性较差，熔接能力不是很好，所以 PVC 熔体分流后通常都会形成比较明显的粗大熔接痕。

根据水波纹和熔接痕的形成机理，我们不难理解，注射速度越快，型腔空间越大，折叠式或螺旋式充填和分流的情况就越明显，水波纹和熔接痕也就越严重。这就是水波纹和熔接痕极难消除的原因。

因此，要想解决这两个问题，必须降低注射速度，使熔体不再以折叠或螺旋式充填型腔。同时需要保证熔体的流动平稳，不发生分流。还要采取各种有效措施保证熔体能够在慢速注射的情况下顺利充填，以防止注塑件充填不整齐。

5.2.22　从模具角度解决大尺寸注塑件水波纹难题的有效措施

前面我们已经介绍了不少厚大 PVC 水波纹（俗称的 "牛屎纹"）难题的调机技巧和改善措施。但如果能从模具入手，在模具设计上彻底清除导致这一问题的根本原因——浇口位置的型腔空间过大，则水波纹问题根本就不会产生，其他厚大硬质塑件也一样如此。因此，如果浇口位置能设在有阻力或有障碍物阻挡的位置，螺旋或折叠式（蛇形）注射就不会发生。

所以，在模具浇口位置上作文章，才是最有效、最彻底的解决之道。能够做到以下几点中的一项，则前面各种解决水波纹的措施技巧都可以不需要再使用。

① 选择在注塑件厚度小于 4mm 的位置作为浇口。原则上越小越好，但最好不要小于 1mm，否则注射会困难。

② 选择在型腔中有各种粗针或板面作阻挡的位置作为浇口，浇口到阻挡位置的间距最好也不要超过 4mm。

③ 若实在找不到上述合适的位置作为浇口，则在设计允许的情况下，可在型腔中放置一个可以作为阻挡和减小型腔空间作用的小注塑件。这样不但能够解决水波纹问题，而且由于型腔空间减小，因为体积过大而产生的熔接痕问题也会得到改善，因此特别适合体积超大的注塑件。

④ 也可以在条件允许的情况下，从注塑件上引一条直径 4～5mm 以上的柱子出来作为过渡，再在柱子的端头设置浇口。

通过上述措施，再配合 5.2.23 节所述的调机技巧及各项有关措施，厚大 PVC 件的熔接痕难题也相应地容易解决，而且这一方法同时也适用于其他厚大硬质塑件的水波纹和熔接痕问题的解决。

如果以上四点都无法做得到，则只有老老实实面对现实，通过调机、改流道等办法去解决这一难题了。

5.2.23 厚大 PVC 注塑件水波纹和熔接痕难题的调机技巧

(1) 技巧一

在前述内容里提到，要消除厚大 PVC 件的水波纹和熔接痕，首先必须保证熔体从浇口射进型腔时，不能发生折叠波浪式（蛇形）或螺旋式注射，并且在型腔中必须平稳地充填，不允许出现分流。因此，调机技术就变得相当重要，其他方面的措施都是为了使调机更容易达到上述的目的。

首先，必须使用一级特别慢速的注射。这是个首要条件，有时甚至需要调到螺杆几乎不能移动，才有可能消除水波纹。

但是，如果一直慢速射下去，则注塑件就很难充填满型腔，而且在注塑件的后半部分还会存在严重的哑色问题。所以，当慢速注射进行到只有一小部分熔体进入型腔的时候，水波纹确认已经消除（可用"模具透明法"来观察），就要立即转用更快的、能够保证充填的二级中速或中高速注射。

如果二级速度过快，就有可能产生溢边或拉白等问题。此时，我们可以在即将注满型腔之时，进行第三级慢速和低压进行最后的充填和保压，第三级的速度和压力参数可根据注塑件的缺陷程度而定，也可采用"定位注射"法将溢边和拉白等问题解决。当然，如果注塑件不是太大，二级的速度也可不必太快，比一级慢速稍快就可以。

由于开始充填时有慢速注射进入型腔的一小部分熔体在浇口周围，所以当进行二级较快速度注射时，这一小部分熔体就能起到阻挡的作用，中间部分的熔体便不会喷射得太快，从而使熔体可以平稳地充填而不发生分流，熔接痕问题因而也一起得到解决。

在实际的调机过程中，问题的关键是这一小部分熔体的量。量少则起不到阻挡的作用，熔接痕和水波纹还会产生；太多了又会致使二级注射变得困难，致使注塑件产生充填不整齐或哑色等问题。因此，原则上在不出现熔接痕和水波纹的情况下，应尽早进行二级较快速度的注射，并且要保证足够的注射压力。

这一小部分熔体的量，实际上还与二级注射时的速度和压力有关。二级注射时的速度和压力较大，这个量就需要多一点，否则会产生熔接痕；反之，就可以少一点。实际的操作还需要根据现场情况仔细观察，以确定二级注射的起始点以及二级注射的速度与压力。

在调机时，我们可以先确定一个大约的量（10～15mm 的螺杆行程），然后再去设置二级注射的速度和压力。注射后观察制品出现的是熔接痕还是缺料、哑色等问题，再去调整那一小部分熔体的量的多或少。使用"模具透明"法可以很方便地确定这一小部分熔体的需求量。

当使用以上的调机技巧最终还是没能把问题解决时，就证明问题已相当严重了，还必须采用更多前述措施来配合解决，才有可能达到理想的程度。若实在不能解决问题，那就只有采用下述的另一个调机技巧了。

大凡厚大的注塑件，其原料不管是 ABS、PP，还是 PVC，都是很容易产生水波纹和熔接痕的，原因就是因为厚，因此上述方法也同样适用于解决其他硬质塑料材料的厚大件产品的水波纹和熔接痕问题。

(2) 技巧二

有时，由于浇口位置的型腔空间实在太大，致使熔接痕和水波纹实在是难以消除，这就需要用到极低的一级注射速度进行注射才有可能减少或消除所产生的熔接痕和水波纹。

但如果注射速度太慢，熔体散热的时间就会过长，此时即使将水波纹解决掉，塑件也还会在浇口位置留下一条深深的圆弧形纹路（俗称"冷隔纹"），导致制品的外观同样很难看。冷隔纹的产生，是由于先注入过冷熔体与后面二级注入的热熔体两者之间存在较大的温度差而不能互相完全熔合所致。

因此，当水波纹严重到要用极慢的注射速度才能解决时，依靠前面的调机技巧（一）就难以将问题圆满解决了，此时，可以考虑采用下述的调机技巧。

当慢速注射进入型腔有一小点熔体时，立即转用快速注射，并给予充足的注射压力。由于前面已有一点熔体作阻挡，快速射入的熔体难以在浇口周围形成折叠式或螺旋式的注射方式，避免了水波纹的产生。由于快速注射冲击力的作用，最早注入的一点熔体会将已经形成把冷隔纹的冷凝熔体冲到型腔内部，使浇口边的冷隔纹也不再存在。

采用调机技巧的关键是要找准慢速、快速的切换点，也即是要确定好慢速进入型腔的那点熔体的量。这点熔体的量很重要，量多了冲不走，继续产生冷隔纹；量少了阻力又不够，水波纹还是会产生，所以要求调得比较精确。使用"模具透明法"对找准这一点很有帮助。

当然，该措施有个最大的缺陷，就是使用了快速注射，其后果是使注塑件产生较多的熔接痕。因为这一点熔体的量比调机技巧（一）中提到的那一小部分熔体的量要少得多，所以不足以阻挡熔接痕的产生。但是由于二级采用了快速注射，熔接痕因熔体温度仍然足够而熔接得比较好，因此熔接痕大都变得比较细小，如果制品表面要求得不是很高，则这些细小的熔接痕是可以接受的。

利用快速注射可以使熔接痕变细这一原理，无论是软质塑料还是硬质塑料，均可以得出一个解决熔接痕的办法：当熔接痕确实难以解决时，干脆直接采取一级快速注射，而不去理会水波纹的问题，这样可以使熔接痕变得非常细小；～～～～～有阻挡的位置，则水波纹应该是很轻微或是不存在的。

在快速注射之后，如果有困气的现象存在，则熔接痕反而会变粗甚至～～此，快速注射的后期应转为慢速，也可采用"定位注射法"来防止缺陷的产生。

5.2.24　PVC料注塑件熔接痕和水波纹问题的改善措施

（1）措施一

要解决PVC件的水波纹和熔接痕问题，首先必须降低熔体注入型腔时的速度，以防止产生折叠波浪形或螺旋形注射，或产生熔体分流等不平稳的充填现象。

但是，有时会因模具型腔过于宽大的原因，当注射速度已经降到螺杆几乎都不能前进时，水波纹和熔接痕问题仍然未能解决，这种情况在生产中时常出现。

如果在靠近浇口前的流道上增设一个阻流塞或者增加一个缓冲包，就可以起到降低熔体进入型腔速度的作用，从而实现减少注塑件的水波纹和熔接痕的目的。

对于水波纹和熔接痕不是特别严重的情况，使用这种方法再配合调机技巧，水波纹和熔接痕问题是可以解决的，但是如果问题比较严重，就需要再配合更多的解决措施了。

（2）措施二

要解决PVC注塑件的水波纹和熔接痕难题，需要用非常慢的注射速度进行一级注射。但是因为速度太慢，熔体在流道中运行的时间过长，热量散失将会很大，温度下降得太多，熔体的流动性会大大下降，充填将变得更加困难，这样对解决问题极为不利。

升高熔体温度和模具温度是一个改善措施。升高熔体温度，可以使慢速注射有足够的温度来保证熔体的流动性，但所升高的温度应以不使PVC烧焦为前提。

在此过程中，如果再增加一点背压，则效果会更理想。实际生产中，一般不需设置过高的熔体温度，而需多增加一点背压。因为增加背压不但可以使PVC熔体温度更加均匀，流动性更好，而且还有升温的作用，所以比单独升高熔体温度对流动性的改善效果会更好。但是，既升高熔体温度又加大背压，极易产生PVC烧焦的问题。

同时，适当升高模具温度，可以减缓熔体散热的速度，确保PVC熔体较长时间的慢速充填仍能保持足够的流动性。因此，在注塑件不产生缩水问题的情况下，应尽可能地多升高一点模具温度，减小冷却水的流量是升高模具温度的一种常用措施。

总而言之，能够提高熔体流动性的措施都会对解决PVC熔接痕和水波纹问题有好处。

此外，减少二次回收料的含量、增加一点扩散油等也都会对问题的解决有帮助。不得已的时候，可以考虑采用注塑PC料专用细螺杆注塑机来解决问题。但是，不能长期使用PC料专业注塑机，因为长期使用会导致PC专用螺杆损耗，无法再进行PC料的注塑生产。

（3）措施三

解决厚大PVC件水波纹和熔接痕难题，需要用到非常慢的一级注射速度，使熔体呈扇形方式充填，这是解决问题的先决条件。

但是，如果慢速注射的流量太小，充填时间过长，熔体温度下降得太多，就会导致最后的充填十分困难，而且浇口太小，将很难改变折叠式或螺旋式的充填现象。因此理想的充填方式是使熔体在充填的时候，速度既要够慢、平、稳，流量又要够大，这是一对矛盾。

示充填速度比工艺参数的设置速度慢。

螺杆已经无法注射的情况出现。因此，设

又必须保证大流量熔体顺畅充填这个矛盾，则加

的最佳选择，同时对克服折叠式或螺旋式注射也最

，尽量加大浇口和流道的尺寸。目前它已成为解决 PVC
接痕问题的常用手段，特别是在长时间调整工艺参数，水波纹和熔接痕的
冷却却无法彻底解决时，这就成为了最后一项措施，否则就很难解决这个难题。

需要注意的是，修改流道时，过大的流道并没有太大的意义，反而增加了注射时间和
二次回收料的体积，因此要适可而止。但是加大浇口尺寸的作用和意义就非常之大了，它
能起到决定性的作用。

如果还想再减小点流动阻力，则可以考虑提高模具和料筒的温度与提高熔体的流动
性，这些措施都会有较好的帮助。

此外，在生产中经常遇到小件与粗大件同在一套模具上生产的情况，由于一级速度太
慢，小注塑件通常都会充填不完整。此时，也应将小件的流道和浇口扩大，必要时还可以
在通往粗大件的流道上的某处设置阻塞机构。这样既可以增加小件的速度和压力，同时也
可起到降低粗大件注射速度的作用，从而实现不需要将速度调得太慢便可将水波纹和熔接
痕解决的效果。由于注射速度得以加快，小件的缺料问题解决了，而且因小件厚度不大，
水波纹和熔接痕问题也不易产生。这样既解决了大件又解决了小件，一举两得。

（4）措施四

实现熔体的自下而上充填，是一个解决 PVC 熔接痕难题的一个非常有效的改善技巧。

这一充填方式源于合金低压铸造，其原理是熔体慢慢地从模具下方向上流入型腔，它
有助于液体通过自身重力的作用来达到熔体平稳充填的目的，可以防止熔体产生分流和涡
流等导致熔接痕的问题。

如果熔体从上面或侧面进入型腔，则由于熔体自重的影响，即使是非常慢的注射速
度，熔体也会自动向下流动得较快，其他方向则较慢，导致熔体重叠和分流，而且型腔空
间越大，这个问题就越明显，熔接痕也越严重，几乎到了无法解决的地步。

参照低压注射的原料，我们只需对注塑件的浇口位置进行更改或者转换模具装机时的
装模角度，就能达到熔体从下向上充填的目的。当熔体从下向上充填时，自重不但不会造
成的分流，反而可使熔体保持平稳。

运用这一充填技术，并配合调机技巧和前面所述的措施，要解决熔接痕问题就变得容
易得多了。在多年的生产实践中，运用这项技术和其他措施技巧，我们成功地解决了许多
粗大 PVC 件熔接痕和水波纹的难题，其中包括不少厚度超过 50mm 的注塑件。

（5）措施五

厚大 PVC 塑件容易产生熔接痕是业界常见的难题，针对这个问题，人们提出了不少
有效的措施和技巧。其中，在产生熔接痕的位置或浇口附近的流道上，喷洒脱模剂（最好
是油性脱模剂）也是改善熔接痕问题的措施之一。

在模具型腔或浇口附件喷洒脱模剂，可以使模具表面和熔体表面变得光滑，模腔表面
与熔体的摩擦力则会减小，因此模壁的熔体与中间熔体的速度差距就可缩小，分流程度也

就减轻，熔接痕问题便可得到改善。

该措施对新模具的改善效果会更佳，因为新模具模壁的摩擦力比旧模具要大，所以当新模生产了一段时间之后，我们还可以逐步减少脱模剂的用量直至最后取消。

5.2.25　关于困气的几个问题及其改善措施

(1) PP、PVC 注塑件的困气问题比较难通过调机来解决的原因

当注塑件产生困气问题的时候，通常都会出现充填不满或者烧焦、发白、产生粗大夹气纹等现象。许多困气问题一般可以通过调机来解决，最终使困气位置变成一条细小的熔接痕或者一个不起眼的小点。

在生产实际中，PP 料的注塑件出现困气问题时，如果不采取有效的排气措施，则很难通过调机来解决，不是充填不充分就是烧焦或发白。

根据"死角"和"回包"困气的解决原理，要将困气问题彻底解决，必须将困在其中的气体溶入到熔体之中。ABS 等硬质塑料都有吸潮、吸气的功能，可以通过压力的作用将气体溶入熔体中去，缺陷可以因此得到解决。而 PP 料的此项功能却相当之差，所以原料中的含水量一般都很小，通常都不需要烘料就可以直接用于生产，因此也就无力将被困气体消除掉。这就是为什么 PP 料的困气问题比较难通过调机来解决的原因。

除了 PP 料之外，PVC 料的困气问题也是比较难解决的，但它与 PP 料的原因不同，是因为 PVC 料比较容易烧焦造成的。当将空气压入熔体的时候，气体的温度会随着气压的增加而升高，这样极易烧焦的 PVC 料就容易被烧焦或发白，因此困气问题也比较难解决。

(2) PVC 注塑件因困气造成发白的解决措施

由于容易烧焦的原因，PVC 注塑时的困气问题一般比较难以彻底解决。注塑时如果出现困气问题，就不时会有大量因困气而发白的塑件产生。

一般情况下，已经发白的注塑件就只能当废品处理了，但经过实验得知，可以采用热开水浸泡的方法来解决发白的注塑件。

该方法很简单，只要将发白的 PVC 件放到烧开的开水中浸泡 1min 左右，注塑件发白的问题即可能自动消除。

需要注意的是，浸泡的时间长了虽然对解决发白问题有好处，但注塑件会出现变形，因此浸泡时要小心操作，控制好时间，不可以无人看管。

(3) 加强模具排气对改善薄壁件充填困难会有很大的帮助

注塑件的壁厚太薄，熔体的热量散失过快，流动在最前面的熔体所获得的压力会变得很低，因此薄壁件本身充填就比较困难。此时，如果模具的排气不是很顺畅，则型腔内空气就被会压缩，导致气压上升，形成熔体充填的反向阻力，更增加了充填的难度，熔体充填变得更加困难。

因此，加强模具的排气能力，可以大大减小空气压力造成的阻力，对解决薄壁件充填困难问题会有很大的帮助。

(4) 熔体温度太高也易产生困气原因分析

注塑成型时，如果熔体温度过高，则热分解产生的气体会大大增加，模具需要排除的气体就要增加，这就容易造成困气问题。

如果模具存在排气不畅的死角，则在塑料熔体充填到该处时，气体无法排除而被熔体

包裹，从而形成所谓的死角困气的问题，这必将增加解决问题的难度，甚至有时到了无计可施的地步。

因此，在解决困气问题时，应先检查熔体温度是否过高，查看对孔空射出时是否有大量的烟雾产生。如果有大量的烟雾产生，则说明温度太高了。

同样，如果模具温度太高，也会给困气问题的解决造成困难。因为模温太高，模具内的空气温度就会上升，气压也就跟着上升，从而也就增加了熔体前进的阻力和困气的含量。如果在产生困气的位置散热不良导致模温进一步升高，则该处的死角或回包困气问题就更难解决。

虽然解决死角或回包困气问题有时需要提高一些熔体和模具温度，但也不能升得太高，否则就会像这样适得其反了。

5.2.26 解决熔体逆流造成的"回包"困气难题的调机方法

注塑成型时，解决熔体"回包"困气（熔体逆向回流造成空气被包裹在前进、回流的两股熔体中）问题的方法与解决模具死角困气一样，也是要将被困的气体压入到塑料熔体之中。但是，难度却要比"死角"困气大得多，成为最难解决的一种困气。

因为"回包"困气最终会在注塑件上留下一条熔接痕，这条熔接痕的大小将严重影响制品的观质量，而且困气量通常比模具死角困气都要大，因此要将这条熔接痕调到可接受的程度，就需要有更高的调机技巧了。

"死角"困气通常都是在注塑件的边缘或角落的位置，所以困气解决后留下的痕迹通常只是边缘上的一个小点，对外观的影响一般都不是很大。而"回包"困气因为被困的面积一般较大，因此，想要解决这个"回包"困气的难题，首先必须要设法减小熔体合拢后被包围的空间面积，也即是将被困的空气含量，做到越少越好。这就是解决"回包"困气更难的地方，它比"死角"困气多了个要解决的关。

实际上，在注塑过程中，当注射速度极快时，型腔阻力大的位置也会被冲进许多熔体，从而减少了许多被困的空间，也即减少了许多被困空气的含量。因此，原则上讲，速度越快，困气就越少。

所以在设定注射速度时，应尽可能快地使熔体冲过被困的区域。当熔体形成合围之后，被困的空气已经减少了许多，而且被困的空气量也已经固定，剩下要做的事，就是像解决"死角"困气一样了，通过压力将被困气体融入到熔体之中，方法是当快速注射进行到接近产生困气位置的附近时（不是熔体合拢之时），立即转回高压慢速注射，让被困气体慢慢地在压力的作用下浸入到塑料之中，"回包"困气的难题就这样慢慢被解决，但最终还是会留下一点点小痕迹。但如果问题解决不好，则这个痕迹就会非常大、烧焦、发白、穿孔等情况都会出现。

为了让这一过程能顺利地进行，同样和解决"死角"困气一样，也需要做好以下几项配合性的措施，否则效果同样也不会令人满意。

① 必须保证熔体温度在充填过程中不要下降太多。必要时适当调高模温和十几度熔体温度，使后一级慢速注射能够持续地进行到底。

② 尽量改善模具的排气系统。因为要解决这个问题需要用到非常快的注射速度，这样就不利于排除型腔内的空气，致使气压上升，增加解决问题的难度。

③ 调准快速转慢速溶气的转级点。它比解决"死角"困时气更难找准，因此这方面

的调机经验相对要求得更多一些。必须运用"模具透明法"来帮助寻找这个非常重要的转级点。

除此之外，设法减小受困气位置的充填阻力也是个解决回包困气问题的好办法，比如增加注塑件在该位置的厚度等，当然是要在允许改动的条件下。

在困气位置的前方加一个大大的集渣包也很有帮助。它可以吸收部分空气，并且还可以将困气位置向前移动，甚至有可能移到集渣包之中，当然困气位置要距离边缘的集渣包不是很远才有可能。

最后，如果在外观允许的情况下，能在困气的位增设排气针，则效果应最为理想。

5.2.27 各模腔充填严重不均衡时的调机方法

在一模多腔的模具注塑成型中，很多模具各个型腔的充填速度或多或少都会存在不均衡的现象，有快有慢，如果这种现象不是很明显，则一般对制品质量不会产生太大的影响。但如果出现了严重的充填不平衡现象，例如某个模腔未注满，另一模腔却已产生严重的溢边、顶白、困气和烧焦等，这种情况下的注塑调机就变得十分困难了。

要解决上述问题，可以考虑以下工艺调整方法。

首先，使用一级快速、高压进行注射。此时，充填较慢的型腔由于受到快速、高压的冲击，注射阻力被突破，充填速度得以加快，与注入较快的型腔的速度差距会随着注射速度的加快而减小，严重充填不均衡的问题因此会得到改善。

但是，充填不均衡的问题严重时是不可能完全消除的，而且如果一直快速高压注射到底，则注塑件必定会产生更大的溢边等问题。因此，当最快的那个型腔即将充满型腔时，就应立即采用二级慢速、低压充填。由于一级的注射较快，所以熔体温度下降不大，转用慢速充填是可行的，因而充填较慢的型腔最后还是可以充满的，充填较快的型腔因为速度和压力已大为减小，溢边和烧焦等问题也就不会再发生。

这一调机技巧要求我们必须调准二级慢速的起级点，不能过早，也不能过晚。调机时可以先用"模具透明法"来找到一个大概的位置，然后再前后移动起级点即可找到这一合适的位置。

5.2.28 K料注塑成型时顶针容易折断的应对措施

由于高温时 K 料（苯乙烯-丁二烯共聚物，英文缩写为 SB，俗称"K 料"）与金属模具表面的摩擦力很大，因此 K 料注塑件的脱模阻力会相当大，致使生产时经常出现断顶针、断顶管的情况，有时甚至严重到一天断几支，令生产无法正常进行。

通常情况下，都会考虑用喷洒脱模剂的办法来降低制品与模具的摩擦。但喷洒脱模剂很容易使透明塑件留下明显的油渍，而且不好控制，废品率较高。如果注塑件需要喷油漆，就更加不能使用脱模剂生产，否则就会存在掉油（粘不牢）、斑点、哑色等使喷油情况不良的问题。因此使用脱模剂不是解决模具易断针、断顶管问题的好办法。

其实，只要在注塑件不变形、不缩水，而且脱模顺利的情况下，尽量缩短冷却时间，让注塑件提早脱模，就可以很好地解决这个问题。

因为缩短注塑件的冷却时间，可以使注塑件与模具表面之间的摩擦力因收缩量还不大而减小，所以注塑件脱模就变得比较顺畅，断针的次数自然就会减少。可以的话，尽量降低注射压力，也有助于减少顶针断损。

此外，还可以用顶针来代替顶管（即假顶管），当注塑件被顶离脱模具型芯时，顶针再回缩时，注塑件被卡在模外就能自动脱离顶针。这样不但可以减少模具损耗的次数，而且还可以节约一些顶管。

5.2.29 拆装大型模具后导柱与导套容易咬合的原因

尺寸较大模具的吊装往往需要用吊车来进行，生产过程中因为修模需要，往往只需要拆卸其中的半边模具，当维修完毕再将该半边模具吊装安装时，往往会将单边模具吊得过紧（在与另半边合好之后），而装模人员又无法察觉。

此后，由于单边吊装过紧，导柱与导套的摩擦力将会变得非常大，时间一长，两者便发生摩擦咬合的现象，导致模具无法打开。

此外，如果吊装得过松，则由于模具太重，也会使导柱与导套的摩擦力增大，也会产生导柱、导套摩擦咬合的现象。

因此，每次吊装大型模具时，都要采用整副模具吊装才是合理的。即使是成套装模都还会有不平衡的情况发生，因而相对小型模具而言，大型模具更易出现导柱摩擦磨损的问题。因此，即使是装成套模具，也要注意动、定模吊装时的平衡，一定要拧紧装模螺钉，并经常检查导柱表面是否保持良好的润滑，及时补充润滑脂，即可减少摩擦磨损的现象。

5.2.30 电镀过的模具在注塑时制品出现拖花现象的解决方法

为了防止模具的型芯、型腔生锈，一些模具的模腔零件需要进行电镀，并使其表面看起来非常光亮，但在注塑透明塑料时往往会出现制品拖花（脱模时被型芯刮出明显的花纹）的问题。

其实光亮的模具未必就光滑，它与注塑件的摩擦力实际上还是非常大的。通常，生产透明塑件时都不允许喷洒脱模剂，因此热的注塑件就像粘在模具上一样，且模具生产的时间越长，这种感觉就越严重。这是因为在制造模具时浸在模具金属表面内的油渍会越来越少，注塑件留下的胶渍也会越来越多，因而摩擦力变得越来越大，拖花问题就这样产生了。如果模具脱模斜度不足，就更加容易造成注塑件的拖花。

为了减小制品与模具的摩擦力，其实我们只需要使用抛光模具用的钻石膏去打磨模具中拖花的位置，这样不但可以清除模具上的胶渍，还使少量油渍浸到金属内部，模具表面也会变得光滑，拖花的问题通常都可以得到解决。

许多中初级点的技术人员一般都不敢这样去做，担心会把模具弄花。其实我们只需要注意使用棉花蘸钻石膏来摩擦模具，不要使用布来擦，就可避免弄花模具了。

5.2.31 哑光面注塑件出现光斑时的现场处理办法

经过喷砂或蚀纹的模具，注塑件表面本应是哑光（雾面）的效果。但经过一段时间的注塑生产后，注塑件表面会在某些位置出现光亮的斑痕，与周围的哑光不一致。

观察模具，也可以看到有光亮的痕迹在相对应的位置。此时，一般人都会马上判定是模具的砂纹或蚀纹脱落变光了，然后就将模具拿去重新喷砂或者蚀纹。

其实多数情况下都不是砂纹或蚀纹脱落的问题，而是由于模具经过长时间的使用，某处积累了较多的气渍、油渍和胶渍，致使注塑件表面变得光亮。因此，只需要进行彻底清洗，注塑件的光斑就会消除，但必须使用胶渍清洗剂，而不是普通的注塑件清洁剂。

因此，一旦发现哑光面注塑件出现光亮斑，无法通过调机来解决时，应先用专用的胶渍清洁剂对模具进行清洗。无法解决时，才可以确定是模面表面已经受损，再拿去重新喷砂或蚀纹也不迟。

如果出现大面积发光问题，就很有可能是调机的问题。通常注射压力不足，注射或保压时间不够，都是造成注塑件表面发光的重要原因，熔体温度过高也是一个影响的因素。

5.2.32　不利于注塑生产的两种滑块（行位）结构

① 当侧向抽芯机构的滑块（俗称"行位"）在侧抽行程范围内设置有顶针时，如果顶针复位不顺畅，复位未完全到底时机器却开始继续下一循环的合模，则顶针与滑块就会撞在一起，导致顶针和滑块受损。

对于需要侧向抽芯机构的模具，有经验的设计师往往会加上一个继电开关进行控制，当顶针回位到底并触及继电开关时，才能继续下一循环合模生产。

问题往往就出在这个继电开关上，因为一旦继电开关失灵，操作员工通常不会察觉到，此时损坏模具就不可避免了。

因此，此类模具最好应再增加一个机械先复位机构，让其在合模时将顶出板顶到底，再配合低压锁模和定期检查这两个安全装置，做到多重保护，这样损坏滑块的可能性就变得非常小了。

② 如果将行位设计在定模，也会对生产造成不利的影响。当行位滑动不顺畅时，注塑件就会在开模时被行位拉伤。因此要求行位运行得非常顺畅，修模的次数自然就要增多，因而对生产会有较大的影响。

5.2.33　调整各型腔充填速度的应用与技巧

在一模多腔的模具中，经常出现各型腔的充填速度不均匀（不平衡）的现象，有的型腔充填快，有的充填很慢。此时，充填快的注塑件就容易产生溢边、顶白和困气等问题，而充填慢的则易出现缩水或者充填不足。两者互相制约，不均匀现象严重时会导致调机变得非常困难，调机时需要运用一些技巧才有可能同时解决这些互相矛盾的问题。

调整各型腔的充填速度，在生产中常被一些技术人员用来解决多种疑难问题，同时可以使普通的技术人员都能够轻易控制生产，不需要花费太多的精力去调机并维持生产，是解决问题的有效措施。

通常，增大浇口和流道，能使型腔的注射压力和速度都得到相应地增加。反之，则起到减小压力和速度的作用。运用这一方法，就可以轻易地调整各型腔的充填速度。

在现实生产中，我们可以根据不同的需要，运用以下调整技巧来解决不同的问题或难题。

首先，可以将各型腔的浇口调至不均匀，以达到各型腔需要不同的压力和速度来同时解决各自问题的目的。经常有这样的情况，希望某个型腔的压力或速度能够高一点，而其他型腔的压力和速度又不能一起跟着升高，有时可能反而还要降低一些。例如某个型腔的注塑件有气纹，放慢注射速度问题会得到解决，但另一个型腔却又出现充填不足或缩水的问题，此时，需要将有气纹的型腔充填速度调慢，或者将充填不足或缩水的调快等。

其次，是将各型腔的充填速度调至均匀，使各型腔的注塑件几乎能够同时充满型腔，以解决前面提到的因充填不均造成的既有溢边又有充填不足的问题。此外，将各型腔的充填速度调至均匀，还可以在多级注射时，使同一模具内多个相同的注塑件能在同一位置转级，以同时解决相同的注塑问题，否则就会出现解决得了这一件就解决不了那一件的事情。

5.2.34　使用长型喷嘴容易引发的问题及其补救措施

如果采用的喷嘴较长，则在注塑成型时，熔体容易冷却，在喷嘴的前端会产生温度较低的凝料。注射时凝料被注入到哪个型腔，哪个型腔就会充填不足，其他型腔会因充填过量产生溢边。特别是在注塑 POM 料（俗称的"赛钢料"）的齿轮时更难充分充填，而且注塑过程难以稳定，尤其是采用潜伏式和针点式浇口的模具最为明显。

因此，生产时应尽量避免使用长型喷嘴。当遇上经常充填不足或无论如何加压、加速都难以充分充填时，请先检查机器是否采用了长型喷嘴。当需要用慢速注射来解决某些制品缺陷时，更不能使用长型喷嘴。流动性较差的原料（如 PC 料）最好也不要使用长型喷嘴生产，而 PA 和 POM 料因熔体容易冷凝更不宜使用长型喷嘴。

但是，某些情况下，由于模具结构的原因，不得不使用长型喷嘴进行注塑。因此，如果出现了上述的问题，就需要采取必要的补救措施。下面的一些方法和措施对改善长型喷嘴的害处会有较好的帮助。

① 在喷嘴处加装发热功率较大、尺寸够长的喷嘴发热圈。

② 用移动射台的方式进行注射，即每次注射完毕，射台都后移以避免喷嘴与模具长时间接触而散失过多的热量，下一循环注射时，射台再前移并让喷嘴顶紧模具。但值得注意的是，采用这种方式后，时间一长，喷嘴口会慢慢因反复撞击而变小，极易导致制品缩水或缺料等缺陷。

③ 避免喷嘴被机器边的风扇直接吹到而过快散失热量。

④ 修改模具，增加模具冷料穴的体积（增加长度或直径均可）。

但是，使用过短的喷嘴进行注塑生产也会出现长型喷嘴的上述毛病，在大型注塑机上尤为明显。原因与长型喷嘴一样，也是因为有冷凝熔体出现在喷嘴之中。常见的情况是，白班生产一切正常，但到了晚班就出问题，原因是晚上温度低，喷嘴热量散失过快。解决的办法主要是加大喷嘴发热圈的功率。

5.2.35　注塑生产中防止注塑件喷油、电镀不良的控制措施

① 尽量不使用脱模剂。一定要使用时，也只能使用干性脱模剂或中性脱模剂轻度喷洒到动模（俗称"后模"），但需电镀的注塑件就一定不能使用。喷洒时，要注意油渍不能飘到定模（俗称"前模"）。如果可能，最好采用涂抹的方式，可以防止脱模剂飞溅到前模需喷油的位置。但若涂得过多，则在注射时也有可能使注塑件外表面留下油渍。喷银色油时更需要加倍小心。

② 保持模具干净。刚开始生产的模具上面有许多油渍，生产了很长时间都难以清理干净，因此生产前必须用清洁剂（俗称的"洗模水"）进行彻底清洗。对后续工序中需要喷银色油的塑件，更应定期彻底清洗模具的型腔。

③ 软 PVC 料的塑件需要浸水，水中不能有油渍。装水的盆不能放在注塑机的下方，以防机器的机油滴落水中。因为这是一个不太引人注意的地方，有时就会出现大量注塑件喷油后掉油却找不到原因的情况。

5.2.36　解决低硬度软质塑件喷油后掉油的有效措施

硬度值小于 80 度（邵氏硬度，GB/T 2411—2008）以下低硬度 PVC 和橡胶注塑件的掉油问题，一直是喷油部门生产时很难控制和保证的质量问题，硬度越低越难保证不掉油。当硬度低到 70 度以下时，掉油问题似乎已经难以控制，时常发生。此时，人们常常会去责怪天气不好，注塑件有脱模剂，或是摆放时间过久了等原因造成喷油件掉油，因此一直未能有一个良好的解决办法可以保证低硬度软质塑料件的掉油问题不会时常发生。

一般而言，软质塑料件的掉油问题主要是由于注塑件表面有一层很难清除掉的油迹所致。这层油迹有的是脱模剂的残留物，而更主要的是由注塑件内部向表皮渗出来的油迹，它与注塑件互相熔合，因此非常难清洗，而且摆放时间越长，油迹越多，掉油问题越严重。所以，解决注塑件表面油迹的清除问题，是解决低硬度软质塑料件掉油问题的主要方向。

在许多清洗试验中，也曾试过在各种清洗剂中加入少许天那水等溶剂清洗 70 度 PVC 注塑件，但对表面油迹严重的注塑件却无济于事，对于刚生产出来的注塑件、油迹轻微一些的会有一定的改善效果，因此不能成为一种有效和稳定的解决办法，掉油问题还会不时地发生。经实验表明，采用天那水来清洗硬度低于 70 度的 PVC 注塑件表面，结果获得了令人满意的成功。

天那水（主要成分是二甲苯，又称"香蕉水"），是一种对塑料腐蚀性很强的溶剂，无论是 PVC，还是 ABS 和 PC 料都可以被它溶化。正是利用它的这个特征解决了软质塑料 PVC 注塑件表面油迹的清洁问题。

利用天那水清洗软质塑料 PVC 注塑件，目的是让天那水将注塑件带有大量油迹的表层溶掉，使塑件露出干净无油的表层。如何只溶掉有油的表层，而又不能将注塑件表面质量破坏，成了能否解决问题的关键。

经过多次试验之后，技术人员终于找到了一种简单有效、易于生产的解决办法，就是在注塑件浸入天那水几秒钟之后，立即将注塑件拿出来放到清水中浸泡。注塑件浸过天那水后马上放到水中浸泡，可以让天那水刚好把带油的表层溶掉，还没有来得及进一步的溶化注塑件表面时就失去了腐蚀的能力，从而起到保护注塑件表面质量的目的。同时混在天那水中的残余油迹也一同被清理到清水中，注塑件露出了干净无损的光亮表面，塑件被取出晾干之后便可以用于喷油生产。此时，还可以看到装水用的水盆边沾满了许多从注塑件表面清除出来的膏状油迹。

需要强调的是，在清洁注塑件表面的操作中，浸泡天那水的时间非常重要，一般控制在 1～3s。时间长了注塑件表面会哑色发白，太短了则清洗效果不够彻底。因此，需要根据不同的注塑件，研究出最佳的浸泡时间。如果注塑件表面哑色发白不好控制，则可以在天那水中加入适量的环己酮，以提高抗发白的能力，便于生产的操作控制。调配溶剂和操作把握得好的话，甚至可以在浸完注塑件之后不需要再放到水中，而是直接小心地摆放在台面，晾干后即可用于喷油生产。

5.2.37　注塑件生产与喷油模具的配合问题及解决方法

喷油模具是用注塑件作为模型制造的，因此大量生产的注塑件必须与制造喷油模具时的注塑件一样才不会在喷油时产生飞油（油漆溅漏）的问题。为了获得与正常生产时相一致的注塑件，针对壁厚较后的大型注塑件，经常会采用注塑 1000 模次以上的制品作为喷油模具的基础件。

但注塑件在不同的注塑条件下精度会不同，PVC等软质塑料件和其他厚大硬质塑件的尺寸精度随注塑条件的变化而变化尤为明显。因此，要保证注塑件喷油时油漆不溅漏，必须细心调校注塑参数，将注塑件尽量调到与制造喷油模具所需精度一致。而且一旦调好，就不能随便更改注塑工艺的参数，还要定时拿注塑件去试喷，检查与喷油模的配合情况，并根据实际情况及时调整注塑工艺的参数。

通常能引起注塑件尺寸精度方式变化的条件主要有注射压力、注射时间和冷却时间。而模具温度、熔体温度以及注射速度和浸水（如需要）温度都会对注塑件的尺寸精度产生一定的影响，但没有上述三者的影响明显。因此，多数情况下都是通过调校这三个注塑条件来达到与喷油模具相配合的目的，遇到比较困难的时候再将后面的条件考虑进去。

在实际生产中，由于PVC等厚大注塑件脱模时较软，容易受工艺条件的影响而发生精度变化，因此即使有合适的喷油模，也要经常调校注塑条件。而ABS等硬质塑料的塑件如果不是很厚很大，则注塑件形状是不太容易改变的，因此喷油时通常都不易飞油。但是一旦出现严重飞油的现象，就有可能需要重做喷油模了，因为硬质塑件能够通过调整注塑条件来改变尺寸精度的量很有限。遇上这种情况时，最好先检查是否因注塑件变形而飞油，否则原因就是做喷油模时的注塑件变形。

另外，由于注塑机有不稳定因素存在，大尺寸的PVC注塑件始终都很难保持与喷油模具有良好的配合，难免某个部位时不时会出现飞油问题，而且由于大尺寸的PVC塑件注塑困难，生产速度也较慢，所以喷油部门的技术配合也是相当重要的。

5.2.38　需要喷银色油漆的注塑件配合调机的方法

注塑件喷油时出现烧焦（俗称"烧胶"）是常有的事，喷油部门当然有一套解决的方法，比如调整油漆的配方、控制喷油速度等。但如果塑件需要喷银色油时，就会出现很多单靠喷油部门都很难解决的烧焦问题，这就需要注塑成型部门的配合了。

银色油漆本身的特性就是比较薄，具有将制品表面缺陷明显放大的作用。因此注塑件经喷银色油后，其表面上的一点点轻微缺陷，如斑点和夹纹等都会被明显地展现出来，更严重的是如果塑件表面存在气纹或熔接痕问题，即使是很轻微，经喷油之后都会出现喷油部门很难解决的烧焦斑纹，此时就必须由注塑成型部门将注塑件的存在的这些问题予以解决，才可能确保喷油部能够正常的生产。

这些导致烧焦问题的气纹和熔接痕，通常都出现在注塑件的浇口周围和塑件中有凹凸转角的位置，或是有凸台的位置，因为这些位置在注塑时最容易产生气纹和熔接纹。而产生气纹和熔接纹的根本原因，就是该处型腔的气体没能顺利排出而造成的困气。此时必须将注射速度放慢，当充填即将到达产生气纹和熔接纹的位置时，立即转为较慢的速度注射以避免气纹，充填过产生问题的位置后又可转回用较快的速度进行充填，以防止注塑件充填不足。

生产K料（苯乙烯-丁二烯共聚物，英文缩写为SB）件时问题更多，甚至凭眼睛都看不到气纹和射纹（实际可能存在），但喷银色油后都会出现烧焦。解决的方法还是一样，也是靠降低注射速度来解决。有时，在浇口位置的烧焦特别难解决，在流道上加设一个缓冲包和阻流栓则会有改善的作用。

同时，在解决这类问题时，应保持中间偏高的模温，一般不要用冷水机的冷水进行模具冷却，模具温度很高时除外。

此外，还要特别注意成型后的塑件不能存放在潮湿的地方，否则注塑件受潮后喷油会出现大面积烧焦，必须经过烘烤之后才能进行喷油。

类似的现象还出现在喷 HIPS 料（抗冲击聚苯乙烯）的塑件时，HIPS 料本身就非常容易喷油后烧焦，如果注塑件上也存在有气纹、射纹、困气纹等问题时，则无论喷什么油漆，该处烧焦的问题都很难解决，因此也要求啤机部门先将气纹和射纹清除干净，这样才能保证喷油正常生产。

5.2.39 大尺寸塑件浇口布局实例

(1) 汽车前保险杠

如图 5-8 所示，采用三个浇口，浇口直径为 15～20mm，一般情况下会在车牌位置设置一个大的直浇口，其余浇口在另外一侧，采用热流道、冷浇口的结构。

图 5-8　汽车前保险杠

(2) 汽车仪表板骨架 (一)

如图 5-9 所示，采用热流道、16 个阀式热浇口注塑机生产。

图 5-9　汽车仪表板骨架 (一)

(3) 汽车仪表板骨架 (二)

如图 5-10 所示，采用热流道、8 个冷浇口和浇口前局部冷流道的注塑机。

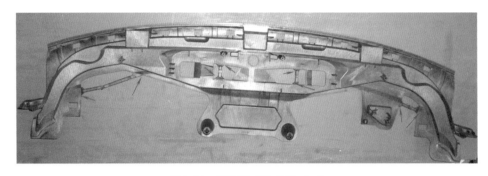

图 5-10　汽车仪表板骨架（二）

(4) 汽车挡位、手刹器骨架

如图 5-11 所示，采用热流道、5 个针阀式热热流道浇口的注塑机生产。

图 5-11　汽车挡位、手刹器骨架

(5) 汽车底护板

如图 5-12 所示，采用热流道、局部冷流道配 4 个冷浇口的注塑机生产，浇口为扇形侧浇口。

(6) 车门内饰板

如图 5-13 所示，采用 3 个侧浇口、热流道配合局部冷流道的注塑机生产。

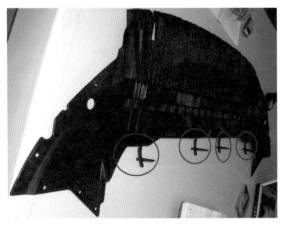

图 5-12　汽车底护板

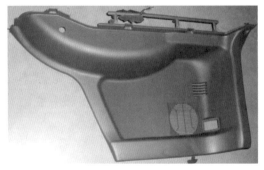

图 5-13　车门内饰板

(7) 卡车仪表板

如图 5-14 所示，采用热流道、6 个冷浇口、配局部冷流道的注塑机生产。

图 5-14　卡车仪表板

参 考 文 献

[1] 徐佩弦. 塑料制品设计指南. 北京：化学工业出版社，2007.

[2] 刘朝福. 注塑成型实用手册. 北京：化学工业出版社，2013.

[3] 刘朝福. 图解注塑机的操作与维修. 北京：化学工业出版社，2015.

[4] 赵勤勇，等. 注塑生产现场管理手册. 北京：化学工业出版社，2011.

[5] 李忠文，等. 精密注塑工艺与产品缺陷解决方案100例. 北京：化学工业出版社，2009.

[6] 刘来英. 注塑成型工艺. 北京：机械工业出版社，2005.

[7] 李忠文，陈巨. 注塑机操作与调校实用教程. 北京：化学工业出版社，2007.

[8] 崔继耀，崔连成，梁启贤，等. 注塑生产：质量与成本管理. 北京：国防工业出版社，2008.

[9] 杨卫民，高世权. 注塑机使用与维修手册. 北京：机械工业出版社，2007.

[10] 蔡恒志，等. 注塑制品成型缺陷图集. 北京：化学工业出版社，2011.

[11] 郭新玲. 塑料模具设计. 北京：清华大学出版社，2006.

[12] 张国强. 注塑模设计与生产应用. 北京：化学工业出版社，2005.

[13] 模具实用技术丛书编委会. 塑料模具设计制造与应用实例. 北京：机械工业出版社，2005.

[14] 中国国家标准化管理委员会. 塑料注射模模架. 北京：中国标准出版社，2007.

[15] 李力，等. 塑料成型模具设计与制造. 北京：国防工业出版社，2007.

[16] 冉新成. 塑料成型模具. 北京：化学工业出版社，2004.

[17] 叶久新，王群. 塑料成型工艺及模具设计. 北京：机械工业出版社，2009.